一本书学会正面思维

赵晓宇 编著

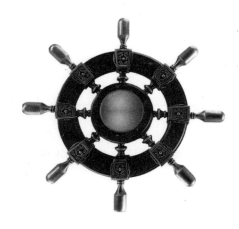

光明日报出版社

图书在版编目（ＣＩＰ）数据

一本书学会正面思维 / 赵晓宇编著 . -- 北京：光明日报出版社，2012.1（2025.1 重印）

ISBN 978-7-5112-1867-4

Ⅰ . 一… Ⅱ . ①赵… Ⅲ . ①思维方法 – 通俗读物 Ⅳ . ① B804-49

中国国家版本馆 CIP 数据核字 (2011) 第 225285 号

一本书学会正面思维

YIBENSHU XUEHUI ZHENGMIAN SIWEI

编　　著：赵晓宇

责任编辑：李　娟　　　　　　　　　　责任校对：映　熙

封面设计：玥婷设计　　　　　　　　　封面印制：曹　净

出版发行：光明日报出版社

地　　址：北京市西城区永安路 106 号，100050

电　　话：010-63169890（咨询），010-63131930（邮购）

传　　真：010-63131930

网　　址：http://book.gmw.cn

E – mail：gmrbcbs@gmw.cn

法律顾问：北京市兰台律师事务所龚柳方律师

印　　刷：三河市嵩川印刷有限公司

装　　订：三河市嵩川印刷有限公司

本书如有破损、缺页、装订错误，请与本社联系调换，电话：010-63131930

开　　本：　170mm×240mm

字　　数：160 千字　　　　　　　　　印　　张：9

版　　次：2012 年 1 月第 1 版　　　　印　　次：2025 年 1 月第 4 次印刷

书　　号：ISBN 978-7-5112-1867-4

定　　价：35.00 元

前　言

P R E F A C E

　　每个人都渴望抵达人生的顶峰，但是很少有人能够在这条挑战之路上继续走下去。这是为什么呢？有能够保证取得成功且经久不衰的"箴言"吗？如果真的有，它又在什么地方呢？它就在这本书里，它就是正面思维。

　　正面思维概念的提出是现代成功运动的伟大硕果，它突破了陈旧、狭隘的成功观念，开创了崭新、更广泛的成功模型，为普通人走向成功指明了一条更加切实可行的道路，它确保人们在处理任何事情时都以积极、主动、乐观的态度去思考和行动，促使事物朝有利的方向转化。正面思维的本质是发挥人的主观能动性，挖掘潜力，体现人的创造性和价值。从认知上改变命运，是事业成功和实现自我的有效途径。

　　本书结合丰富的真实事例和科学实验，以激情洋溢的语言充分揭示了正面思维的伟大力量：正面思维可以带来健康的体魄；可以战胜恐惧和忧虑，把握好情绪；可以坚定成功的信念；可以塑造良好的性格；可以改善有缺陷的官能；可以使人的心灵和容貌变得更加美丽；可以使人在逆境中更加坚强，在顺境中脱颖而出；变不利为有利，从优秀到卓越；等等。总之，正面思维可以将人们沉沦的灵魂从黑暗的绝望深渊之中提升到成功和荣誉的喜马拉雅山的高度！那些希望驱除懒散怠惰、摆脱昏昏沉沉状态的人们，那些希望在通向成功的道路上大展手脚的人们，将会在这本小书中发现一种让自己精神抖擞、备受鼓舞的"万能药"。

　　本书向读者揭示的是——在我们每个人的体内都有一处涌泉，它向外喷涌出无穷无尽的能量和活力。是要决定找出这处涌泉？抑或对其不闻不问？这个问题留待每个人去选择。

编著者

目 录

CONTENTS

凝视同伴的脸，看着他们的眼睛，那里面闪耀着善良的光，或者愤怒的火舌。不自觉地，你平静的心会跟随他们的情绪而波动，人类的心会相互影响，直到汇合在一起（包容爱，或者产生恨）。所以，美德也会从一个人心里走到另一个人心里。

——卡莱尔

能够肯定自己的人，
可以安静地等待。
虽然面前很多障碍，
他的目标终将实现。

——伦·维尔曼斯

通过思想的力量，你可以改变命运。如果你有伤害别人的心，你不需要扣动扳机。这种思想足以结出恶果。

——卡莱尔

大家都有这样的错觉：当一个人有了正确的想法时，他就会幻想自己已经成为完美的人。正确的想法固然很好，但是，不去通过艰苦的努力塑造正确的性格，它们只不过是肥皂泡罢了。

——马扎姆达

良好品格是人性的最高表现。好的品性不仅是社会的良心，而且是国家的原动力；因为这世界主要是被德行统治。

——史迈尔

1

掌思想之舵，扬生命之帆

> 我们以点滴的思想搭建未来，
> 是好是坏，不知道，
> 一切以此锻造。
> 思想是命运的别名，
> 选择你的命运，然后等待。
> 爱衍生爱，恨滋生恨。
>
> ——爱拉·惠勒·威尔科克斯

有这样一个古老的传说：

一个不学无术的人继承了一艘船。他对大海和航海技术一无所知，但是，强烈的愿望驱使他去航行，掌管自己的船。航行开始了，自封的船长命令他的船员按照老习惯各行其职，因为这个业余的航海家已经被复杂的操作弄得晕头转向了。但是，一旦驶进了大海，工作就变得简单一些了。于是，船长有了时间去查看大家都在做些什么。当在船头的甲板上漫步的时候，他看到一个人在操作一个大轮子，有时转向这边，有时转向那边。

"那个人究竟在做什么？"船长问道。

"他是舵手。他在掌握船的走向。"

"是吗？可是，在我看来，他一直在那里浪费时间，前面只有一望无际的水罢了，我想帆会让船自然而然地前进的。等到能看到陆地，或者前面有船驶过来的时候，再开始掌舵也为时不晚。让舵手离开。"

命令被执行了。殊不知，没有多久，船就触礁了。直到那时，一些幸存者才想到了愚蠢的船长。他竟然认为船会自己调整方向。

你会说，不会有这样的人。没错，这样愚蠢的人根本不会存在。但是，你真的没有做过这种愚蠢的事情吗？

想一想，你是否也有这样的情况？一些比船更精致、更珍贵的东西——你的生活、你的思想，你却对其放任自流。你对掌好思想的舵关注得多吗？你是否对它不加任何约束？你是否听任愤怒和激情的风将它吹得东倒西歪？你是否会让偶遇的朋友、偶然的阅读，或者没有意义的娱乐将你的生活引入歧途，选择了一种你并不怎么愿意接受的生活方式？你是否牢牢地掌握了自己的船，让它驶向幸福、宁静、成功的港湾？如果你的答案是否定的，你是否想脱离这种处境？如果你意识到一些基本的真理，并且让你优秀的天赋发挥作用，脱离这种处境也许比你想象的简单。本书讨论了用思想规范生活的方法，目的就是告诉你该怎么办，怎样努力。

虽然，思想管理着我们生活中的一切，但是，它却时常被忽视，或被误解。虽然大家都赞颂它伟大的力量，但是，它却一直被认为是不可改变的东西，只有天才才会使用。近年来，对于思想的控制和它在各种方面的应用已经被越来越多地研究和理解了。它的应用包括：改变已经定型的性格；甚至改变外部环境，或者至少改变一个人；带来健康、快乐和成功。思维训练存在着无限的可能，它的效果是永久性的，但是，仍然很少人努力将他们的思维引入有益的轨道。大多数人仍让偶然发生的事情或者让复杂的环境左右自己的思想，这种消极的做法会让我们一碰到棘手的事情就选择放弃。

思想控制、自我约束有利于个人发展，没有什么比学习它更重要了，学好它是对自己和他人的最高责任。也许因为思维本身是无形的，我们大多数人确实几乎不能控制它，所以，有人会认为控制思维的走向是困难、深奥的事情，需要艰苦的学习和书本知识的辅助。真理可以帮助你成就一切事情。每一个人，不管他多无知、多没有文化、多繁忙，都有能力、有时间重塑他的思想、他的性格，更实际一点，他可以重塑自己的体格和生活。每一个人都有不同的任务、不

同的难题，希望达成的目标也不尽相同，但是，实际训练的过程是一样的，每个人都有可能达成转变。

雕塑家的凿子放到了强盗手里，可以毁灭最优美的雕像；放到了罪犯手里，有可能成为入室行窃的工具或杀人的武器。现在，能够创立或毁灭自己的工具就在我们手中，如果我们不努力去用它创造美丽与和谐、幸福与成功的话，那么我们是多么鲁莽和愚蠢啊。雕塑家不敢将目光从大理石移开，一通乱凿。他紧紧地盯着自己的作品，每一次雕琢都经过了思考，朝着脑袋里的期望模型迈进。同样的，我们也必须琢磨自己的性格，美化自己的环境，搭建自己的生活。我们必须知道自己想要什么，知道我们怎样得到它，明确地了解自己的任务，决不姑息迁就，放松自己。

思维工具和普通工具的区别在于，我们必须尽力使用思维，它才能够生效。我们不能把思维工具丢弃在一边，扬言它并没有什么用处。我们必须思考，每一个想法都影响着我们生活的一部分。所以，让我们下定决心，好好地利用思维工具，将它的作用发挥到极致。每做出一个决定，我们都要坚定地将它进行到底。

养成良好的思维习惯是一项重要的任务，虽然我们诚心诚意地努力，但是，对于成年人来说，长期以来养成的不良习惯和思维已经让自己的生活陷入一种套路，让这项任务变得十分困难。目前，思维研究的新领域是如何教下一代学会思维控制。就像 M.E.卡特所说的那样："如果父母和监护人将他们的精力投入到教育下一代学会如何思维控制中去，而不是对孩子施加强大的压力，强迫孩子听从外界权威，教育下一代就会变得简单多了。"如果父母们都能这么做，那么，一代更高级的人类将在这个星球上出现。教育孩子坚持正确想法，丢弃错误想法，需要教会他们掌管好自己的精神领域，而不是向他们施加外界压力。学会控制自己思维的孩子会成为思想纯净、坚持真理的人，因为他们不需要隐瞒什么事，也不会压迫什么人。精神控制是实现自我控制的唯一途径。谁越早学习它，谁就会越早脱离不幸和困境：没有学习过它的人会生活在充满不幸和困境的黑暗生活中。

为我们自己着想，也为会受到我们极大影响的下一代弱小生命着想，让我们仔细衡量一下学会控制自己的思维所带来的好处吧。

思想如何控制身体

> 思想对于身体有惊人强大的控制力。让思想成为身体的主人。
>
> ——歌德

要学会控制好自己的思想，我们还需付出很多努力。但是，在那之前，我们必须明白思想的强大力量和重要性，不能只是机械地接受"思想的力量很重要"这种说法。"糟糕的想法对你有害，良好的想法对你有益。"对于这种观念，你必须感同身受，确信无疑。如果你有时候放松警惕，并且不在意地认为，偶尔松懈片刻无伤大雅，那么，你无异于是在玩火自焚。在内心的最深处，你必须牢记这一点：思想本身是永恒的，它主宰你的命运，生命中每分每秒的想法都将决定你的命运。你必须有这样的体会：正确地控制自己的思想，一切美好的东西将会自然而然地来到你的身旁；错误地使用"思想"这种天赋的力量，丑恶和不幸的事情将伴随着你。这种体会必须通过对已经发生事实的思考才会获得。

无论是在物质上还是在精神上,思想在工作中的价值已经被世界上越来越多的人认同。即使观念大相径庭的人们也承认:在人类的世界中,思想的力量无处不及,无所不能。看到表面的现象,不假思索的人们不会立刻相信这就是事实。而科学实验会给予思想者有力的证明,给出科学的解释,揭示事物的内在真理。

耶鲁大学的 W.G.安德森教授成功地用实验测量到了思想的重量,或者说思想者思考的效果。一个学生被放置在天平上,他身体的重心刚好在天平的中点,这样,天平保持在平衡状态。首先,让受测学生思考数学问题,血液流向学生的头部,血液引起的头部重量的增加使得天平迅速偏向一边。学生在复述九九乘法表时,天平比他在复述五五乘法表时偏斜得更厉害。也就是说,大脑活动越剧烈,天平的偏移量越大。将实验更进一步,实验者让学生想象自己正在锻炼腿部。当他在精神上做这项锻炼时,血液逐渐流向腿部,腿部增加的重量与思考使得头部增加的重量抵消,天平恢复平衡。仅仅由于精神上的活动,身体的重心可以偏移 1.2 米。如果你将双手举过双肩,身体的重心也不过偏移这么多。这项实验在大量学生身上重复验证,都取得了相同的结果。

精神活动对肌肉有主导性的影响,为了进一步验

证这一点，我们测量了11个年轻人右臂和左臂的力量。右臂的平均力量为50.4千克，左臂的平均力量为44千克。在短短一周的时间内，这些受测者针对右臂进行了特殊的锻炼。之后，我们再次测量了双臂的力量。右臂的平均力量增加了2.72千克，而没有受到锻炼的左臂却增加了3.18千克。实验结果清晰地表明，与运动相关的大脑活动不仅可以增强受到锻炼的肌肉的强度，也可以增强受到同一部分大脑控制的、却没有经过实际锻炼的肌肉的强度。通过单纯的精神活动，就可以将血液和神经冲动输送到身体相应的部分，从而达到上述实验的效果。安德森博士这样解释他的实验结果："通过肌肉床实验，我可以证明：在所有运动中，最重要的事情是精神的驱动力。我躺在这张肌肉床上，想象自己在不断跳跃。显然，实际上，我的脚并没有移动，肌肉处于静止状态。但是，肌肉床向我的脚部下沉，表明血液流向我脚部的肌肉。如果我确实不断跳跃，在这种精神刺激下，脚部肌肉会得到更充足的供血。"

桑托一直教导我们：缺少合适精神动力的运动对锻炼肌肉几乎没有帮助。如果有精神的导向作用，即使轻微的运动也可以重塑身形。一些形体运动的专家将这一理论卖了好价钱。安德森教授的实验证明了这种说法的真实性，并且进一步证实，如果具备竞争意识和浓厚的兴趣，而不是仅仅毫无兴致的重复机械的

运动，运动者会受益更多。他说，步行对于脑力劳动
者不是理想的运动，因为它是单纯的机械运动，不能
使拥塞在大脑中的血液流向身体的其他地方，致使脑
力劳动者仍然不能停止思考问题。跑步、跳远这一类
必须考虑速度的运动会将血液运送到腿部，塑造腿部
肌肉。在镜子前面做练习，观察肌肉随着不同的动作
膨胀，这种做法有利于塑造身形。

　　在这些实验之前，华盛顿的埃尔默·盖茨教授证实：
他将手浸入一个装满水的盆子，然后努力想象血液流
向这只手，可以使盆子中的水溢出。通过测量溢出的
水量，就可以测得流向这只手的血液量。不是每个人
第一次做这个实验都能成功，或许100次也不能成功，
但是我们可以通过训练思维，使它有力地控制身体，
达到这样的效果。

　　很多年以前，医生们曾经进行过著名的包曼实验，
他胃部的创伤自己愈合了。通过这个实验，医生们证
明低落的情绪或者高昂的情绪对于消化和身体的其他
功能有很大的影响。当人们听到报告灾难的消息时，
分泌胃液的小囊温度升高，其功能被损坏，致使食物
不能被消化，长达数小时。

　　长期以来，人们认为，当唾液被分泌、食物进入
胃里后，胃液会自动分泌出来。最近，俄国科学家伊
万·巴甫洛夫在狗的身上进行了实验，从而确实地证
明事实并非如此。相反的，当一只狗预期自己将被给

予喜爱的食物（比如生肉）时，唾液就开始分泌了。即使狗并没有吃到肉，或者用特制的工具将肉悬挂在食道的外面，不让它进入胃里，胃液也会分泌。所有的机械刺激都不能引发胃液的分泌，除非大脑中产生对于进食的快感。所以，如果切断大脑和胃之间的联系，即使盼望已久的美味或者最爱的生肉穿过食道，胃液都不会被分泌。在这些所谓的纯机械、纯物理的身体机能中，精神力量起到了明显的作用。在消化和其他各项身体机能中，心理作用都非常重要。

盖茨教授取得的最激动人心的实验结果是，他发现了大脑的特定区域会产生体内的化学物质。他说："在1897年，我发表了一份实验报告。在这个实验中，我让病人对着一根用冰块冷却过的试管呼气，来观察气息的冷凝特性，试管中装了紫红色的碘化物、冷凝气和碘化物发生作用，没有明显的沉淀。但是，病人生气之后，5分钟之内，试管中出现了棕色的沉淀，这说明情绪可以产生化学物质。我们将这种化学物质提取出来，将它注入人类和动物的体内，人类和动物受到了刺激，出现了激动的情绪。极度的悲伤，比如为最近死去的孩子感到悲痛，会产生一种灰色的沉淀；郁闷会产生一种粉红色的沉淀，等等。我的实验证明，暴怒、恶毒、压抑的情绪会在身体系统中产生有害的化学物质，其中，有些化学物质有剧烈的毒性；同样，和蔼、快乐的情绪也会产生化学物质，它们却具有营养价值，可以刺激细胞产生能量。"有些反对者重复了盖茨教授的实验，指出沉淀的颜色和盖茨教授报告的不一样，为了反击这种可笑的言论，盖茨教授重点指出，沉淀的颜色取决于不同的反应试剂，但是，同样的情绪产生的化学物质是一样的。

杰克斯·洛柏教授在芝加哥大学和哈佛大学做了一些实验，他的实验表明，思想现象和电现象似乎有相同之处，在思想的影响下，生命物质的粒子可以从正极变成负极，再从负极变成正极。过去，人们常常把思想比作"来自大脑的电报"，这些实验不但让这种说法更加合理，而且扩大了"思想可以多大程度地改变身体状况"这个概念的范围。

思想引起健康或疾病

> 精神使我们活着。肉体对此无所帮助。
>
> 人们的每一个决定和想法都被铭刻在大脑上，因为决定和想法开始于大脑，然后被输送到身体其他器官，它们终止于那里。所以，无论什么想法都会被记录在大脑里，根据不同的指令输送到身体的不同地方。这样，人们将自己的生活记录在肉体中，天使可以在人体的结构中读到他们的自传。
>
> ——瑞登博格

要证明思想控制着身体的健康与疾病，并不一定仅仅借助于科学实验。日常经验给予了我们充足的证明。医生搜集了数以百计惊人和有趣的事实，并将它们发表了出来。其实，少数几个例子就足以证明思想对于身体的影响力了。

某些过度的情绪会使人死亡，对此，我们过于关注事情的严重后果，而不去思考导致事件发生的原因。

一些人死于"惊吓"。这究竟是什么意思呢？仅仅是一些突发的强大意念扰乱了身体的正常机能，使得它停止工作。恐惧，一种害怕的念头，令心脏停止跳动。激动令心脏跳动加剧，致使大脑中的血管爆裂。突然的狂喜令血液迅速冲向大脑，致使脆弱的细胞膜破裂。深爱的人去世了，情绪的悲痛阻碍了营养的吸收，废物的排出以及身体的其他功能，这些功能只有在正常情绪下才得以进行。于是，这个人也憔悴衰弱，死去了。死亡的原因是严重的疾病，令虚弱的身体不能承受，或者根本不是疾病，而是痛苦和悲伤的情绪。最近，伦敦的一根电车线断裂了，火花飞溅地掉在马路上。一位年轻的女士，表面上看起来和其他人一样，正准备上车，看到了这起事故，突然倒地死亡。什么东西也没有碰到她。她没有遭受任何伤害。死亡原因仅仅是因为她认为自己处于危险之中。这种想法如此强烈，以至于一些东西屈服了，把她的灵魂从身体中分离了出来。如果她镇静一些，不要如此惊恐，她就会活下来。一位美丽的女士被高尔夫球棒打中了脸部。球棒打碎了她的下巴，但是，短短几周之后，下巴就愈合了。然而，留下的疤痕却损害了她的美丽。毁容了的想法紧紧攫住她的大脑，使她羞于见人，她经常感到忧郁、不安。去欧洲旅行、专家昂贵的治疗都对她没有帮助。

"我受过伤，留下了伤疤。"这种想法夺去了她生命中所有的快乐，夺去了她身体中所有的力量。不久，她就不能离开病榻了。但是，没有医生可以找到她肉体上的疾病。毫无疑问，这很荒谬，但是，这却说明了，即使身体非常健康，思想也可以让它生病。如果这位女士能抛弃萦绕心头的忧虑，她的身体很快就能恢复健康。

通常，恐惧和悲伤可以使人类的头发在几个小时或几天内变白。历史上曾经有巴伐利亚的鲁维格、马利·安东尼、英国的查理一世、布朗思维克的公爵的例子，在现代生活的每一分钟里，这样的例子也在发生着。我们猜想，可以这样解释：强烈的情感导致化学元素，可能是黑色素，发生了变化，从而改变了头发的颜色。这样的化学变化是被突发的情感引起的，而不是因为年龄的增大。罗杰医生说："某些因素，特别是压抑的感情、伤人的焦虑和强烈的意念严重地影响了身体的组成成分，加快了头发的死亡。"

如果人们认为自己受了重伤，他们就可能死去，哪怕事实上他们并没有受伤。大家都听过这样一个故事：有一个医学院的学生，他的同学欺骗他说正在给他放血，这个学生惊恐万状，以至于把自己吓死了。一个人认为他自己吞下了一枚图钉，于是，他有了严重的症状，包括咽喉局部肿胀，这样的症状持续到他发现自己并没有吞下图钉。其他数百例的案例也说明，有些时候，如果意念足够强大，它会产生强烈的病痛甚至死亡。

换一个角度，在另一些强烈的思想（比如激动、警觉或欢乐）面前，病痛也会屈服。

珀耳修斯雕像是本韦努托·切利尼的作品，现在收藏于佛罗伦萨的兰齐画廊。本韦努托·切利尼在浇铸这尊雕像之前突然发烧，不得不回家卧床休息。在生病期间，一天，他的助手冲进来，说："哦，本韦努托，你的雕像被损坏了，没有希望挽救了。"本韦努托匆匆地穿好衣服，跑到熔炉旁边，发现他的金属结成了块状。他命令助手取来干橡木，重新点燃了熔炉。天下起了大雨，在大雨中，本韦努托疯狂地工作着，他疏通了熔炉的管道，最后顺利地熔化了金属。事后，他说："工作结束之后，我坐在长凳上，和工作人员们一起吃了一餐沙拉，我的胃口大开，又吃又喝。后来，我回到床上休息，感到健康和快乐，虽然那时离天亮只有两个小时了，但是，我睡得很香甜，就像从来没有生过病一样。"他想挽救雕像的想法如此强大，让他忘记了自己在生病，不仅如此，他身体上的疾病也痊愈了。

摩尔人的领袖阿卜杜勒·马利克将军也有过类似的经历。当他抱病在床的时候，无法医治的疾病几乎将他打垮了。这时，他的军队和葡萄牙的军队之间爆发了一场战争。在这场重大的危机面前，他挣扎着站了起来，召集他的军队，领导他们取得了胜利，直到这时，他才筋疲力尽地倒下了，与世长辞。

伊莱沙·凯恩医生的传记作家写道："我问他能

证明精神对于身体有强大影响力的最好事例是什么。他停顿了一会儿，好像在思考这个问题是怎么提出来的，接着，像是突然想到了什么，他说：灵魂可以让一个人不受身体疾病的限制，先生！那时，我们的船长正在走向死亡—我是说，他将要死去，我知道他的生命即将结束，因为我看过很多败血病患者。他身上的每一个伤口都化脓了，我从来没有看过如此严重的病症，不管是在活着的人身上还是死去的人身上，通常，在病情恶化到这一步之前，病人就已经死去了。但是，船长还活着，因为船上有麻烦。一旦船长咽气，船上就会发生大暴乱。我们也许会自相残杀。我知道，船长不能离去的原因正在于此。我俯身到他的床边，对着他的耳朵大喊：'暴乱！船长，发生暴乱了！'马上，他苍白的病容不见了。'扶我起来！'他说：'让那些家伙来见我！'他询问了矛盾发生的缘由，惩罚了暴乱者。从那个时候开始，船长就像康复了一样。"

巴西的君主多姆·佩德罗在欧洲生病，卧床不起。他的病却被女儿寄来的一封电报治好了。当时，女儿正在代替他处理国政。电报上说，她已经签署了一份法令，废除了国内的奴隶制，实现了生病的君主追求一生的目标。

一个虚弱的女人卧病多年，生活不能自理，连走路的力气都没有，但是，她却冲到了楼上，将熟睡中的婴儿从大火中救了出来。她的力量从何而来？这样一个娇弱的女人可以把家具和卧具从着火的房子中拖出来。她的力气从何而来？当然，她的肌肉不会突然生出很多力气，但是，她仍然做到了。在普通的情况下，这是不可能的事情。在紧急情况下，她忘掉了自己的虚弱，她只看到了事态的紧急；她亲爱的孩子处于危险之中；她的家庭将要毁于一旦，她不能坐视不理。在那个时候，她坚信自己可以做到，并且，她真的做到了。思想上的转变，而不是肌肉或者血液中的转变，让她获得了需要的力气。在这起事件中，确实是肌肉提供了力量，但是，对于自己能力的相信却是首要条件。大火、危险、激动的情绪、营救生命和财产的信念，对于虚弱身体的暂时遗忘——这一切都是一个人获得精神动力的必要条件。

很多事情都向我们表明，精神对于身体有强大的影响力。奇怪的是，长久以来，人们却认识不到这一点，不能采取相应的行动。精神就像是穿越海洋和空气的电波一样，它从来都是存在的，但是，直到今天，人们才刚刚开始对它的力量有所了解。

一些医生意识到，思想对于疾病有很好的疗效，很多书里都给出了例子，证明思想的疗效比药剂与手术的疗效更好。医学界最著名的威廉·奥斯勒医生曾经被爱德华七世从约翰·霍普金斯大学调到了牛津大学的医学部担任皇家教授，在美国文物百科全书中，他说："虽然没有完全被认识到，但是，精神疗法十分重要，特别是在治疗学领域。信念的力量可以让你的精神振奋起来，让血液循环变得更加通畅，让精神集中，不受干扰，因此，在很大程度上，身体会康复起来。沮丧，或者缺乏信心可能会将最强壮的人推入死亡的大门；缺乏信心的人吃再好的药品也无济于事，有信心的人即使喝下一勺水也像服下了灵丹妙药。治疗的根本是病人要对医生有信心，相信他的用药和治疗方法。"

相似的，哥伦比亚大学的史密斯·杰利夫医生也在同一本百科全书中写道："毫无疑问，心理疗法是最古老也是最年轻的治疗方法。通过信念治疗疾病的方法并不是某个地区或者某个阶级特有的，不是任何体系的特权。相信上帝，向木制、石制或者虚无缥缈的偶像祷告，相信医生，相信我们自己的力量—这些都是精神的力量，可以影响身体机能，是有价值的治疗方法。精神的力量并不能移动大山，也不能治愈肺结核；它们不能影响断腿，也不能影响瘫痪的器官；但是，精神疗法，通过其多种多样的表现形式证明，是所有的治疗方法中对人们最有帮助的。因为催眠师、恐吓者、自封的预言家和其他卑鄙的社会寄生虫可能滥用精神的力量危害他人，所以，自然界潜在的法则不允许它被明朗化。人们是容易轻信的—人们想要什么或者愿意相信什么，他们就会相信什么，精神疗法是一把双刃剑，可能带来天使，也可能带来恶魔。"

　　在这段陈述中，杰利夫医生也许过于保守了，影响断骨愈合的因素包括呼吸功能、消化功能、同化作用和排泄功能的强弱等等，但是，在这些因素中，病人的精神状态对于断骨的愈合有最重要的影响。其他，在肺结核病的初期，条件、气候和卫生状况都合适的情况下，坚定的信念对于病人的康复有很大的帮助。甚至对于瘫痪这种顽固的疾病，思想和神经上的猛烈刺激都有可能让病人恢复知觉。

　　很久以前，詹姆斯·Y.辛普森先生说过："医生们不知道，物理治疗并不是治疗艺术的全部，精神有神奇的力量，有助于治疗身体上的疾病，这种治疗方法不容忽视。"

　　丘吉尔通过诗歌向我们讲述了健康的哲学：

"通往健康最保险的道路是
绝对不要妄想自己会生病。
大部分的疾病，让我们这些可怜的平凡人痛苦的恶魔
都来自于医生的描述和自己的想象。"

19

4

我们最糟糕的敌人是恐惧

> 怀疑是叛徒，由于害怕尝试，我们失去了原本属于自己的东西。
>
> ——莎士比亚

最致命、最伤害人们生活的想法是恐惧。恐惧使性格失去活力，毁灭壮志雄心，诱发或引起疾病，使自己和别人失去欢乐，并阻碍成功。它甚至没有一个正面的特征。恐惧是彻头彻尾的恶魔。现在，生理学家清楚地知道，恐惧阻碍吸收，切断了营养的渠道，使人们易患贫血症。恐惧降低精神和身体的活力，摧毁了一切成功的因素。它让年轻人丧失快乐，并且是老年人最可怕的伴侣。快乐在它恐怖的眼睛瞥向自己之前就逃跑了，喜悦绝对不能和它居住在同一间房子里。

"在所有致病的精神状况中，会对人体产生灾难性后果的，影响力最广泛的情绪就是恐惧。"威廉·H.霍尔科姆医生说："恐惧有很多等级，从极度的警觉、害怕、恐怖，到最轻微的，对于坏事将要发生的预感。但是，所有这些都有一个共同点—使生命中枢瘫痪，从而，通过神经系统，在身体的每一个组织中产生病症。"

"恐惧像是在人们的大气中充入了碳酸气，"霍瑞斯·弗莱彻说，"它引起思维、情绪和精神上的窒息，有时候甚至是死亡—精力的死亡、身体组织的死亡、所有活着东西的死亡。"

但是，自从出生起，我们就生活在恐惧的阴影下，并且被这个恶魔控制了自己的生活。每一年，孩子都被警告了上千次，要小心这个，要注意那个；他可能会中毒，他可能会受伤，他可能会死掉；如果他不怎样做就会发生可怕的事情。男人和女人们不能忍受一些完全无害的动物或者昆虫，因为，还是孩子的时候，他们就被警告，这些东西会伤害自己。可以想象，最残酷的事情之一，就是向孩子具有可塑性的大脑灌输恐惧的印象，这就像在一棵小树上刻字，随着年龄的增长，字迹会越大越深。这幅光亮耀眼的图画将终生悬挂在我们的头顶上，投下致命的阴影，挡住一切快乐和幸福的阳光。

一位澳大利亚的作家说：

"对于成长中的孩子来说，最不幸的事情莫过于有一个被神经的恐惧折磨终生的母亲。如果母亲向恐惧屈服，疑神疑鬼，紧张兮兮，所有这些因为恐惧引起的事情，不可避免地，会将孩子的生活环境变得沉闷、充满恐惧。如果一个人养成了总是预期事情最坏面的习惯，或者这是他的本性，那么，恐惧就很可能缠绕在他周围。母亲从不采取积极的行动，也不允许她的孩子采取积极行动，因为她总是想象着这样做可能导致不良的后果，殊不知，在生活中，这无疑是慢性自杀。

"我知道，在生理方面，现在成千上万的孩子都胆小、娇弱、消极、迟钝，仅仅因为在托儿所，或者更早的时候，他们就被告知所做的事情潜伏着危险。当母亲害怕孩子可能受伤时，她就会臆想自己将承担可怕的责任，于是，她就禁止孩子从事体育活动。可是，这种活动会提升孩子的勇气、韧性、独立性和自控性。"

"我研究犯罪心理学和婴儿心理学已经有 20 多年了，"里诺·范瑞尼医生说，"成千上万的事实使我不得不相信这个令人悲伤的真相，至少 88% 的怯懦的病儿都可以通过心理学常识性原理和生理卫生来治疗和挽救，也就是说，治疗的主要手段是鼓励他们建立有利于健康的勇气。"

很多母亲和多数护士不满足于用真实的事物恐吓孩子，她们发明了幽灵鬼怪来吓唬孩子，让他们听话。为了让孩子睡觉，她们甚至会说："如果你不马上去睡觉，大狗熊就要过来把你吃掉了。"如果大狗熊真的要来，成年人能睡着吗！如果父母不费尽心思地告诉孩子黑暗有多可怕，对于黑暗的恐惧就不会存在了。相反的，他们发挥了强大的想象力，编造出了各种各

样的巨人、怪物，给孩子带来痛苦。一些人写了下面
这首诗，很好地表达了这种做法对于孩子健康心灵的
残害，这是一种残酷却又普遍的罪恶：

> "他给孩子带来了恐惧。
> 孩子从此不再玩耍和歌唱，
> 这不仅仅一个错误，
> 这是可悲的道德犯罪。"

母亲们花费了太多的精力担心自己的孩子。如果
看不见自己的儿子或女儿，她们片刻也不能安心。多
少次，在想象中，她们看到了自己的孩子从树上或灌
木上掉了下来；多少次，当孩子去航海或溜冰的时候，
她们勾画了他们溺水的情景；多少次它们仿佛看到了
孩子从棒球场或足球场回家，带着骨折的四肢和受伤
的脸？当所有这些都没有发生的时候，对于那些花费
在精神紧张、活力体能持续降低的担忧上的时间，她
们如何补偿？这些对于坏事的假设是毫无用处的，使
很多妇女提前衰老了。最糟糕的是，很多母亲把这种
假设看成自己的责任，把一直担心看成是对孩子的爱。

有一位害怕、焦虑的母亲在身旁，孩子总是生活
在沉闷的氛围中，令他们恐惧的新东西不停地冒出来，
整个世界看起来因害怕和焦虑不堪重负，也不足为奇
了。在几乎任何集会中，不管人们显得多快乐，你总

是可以发现，即使是最快乐的人，在某种形式上，他的内心也被恐惧的虫子噬咬着。对于事故的恐惧、对于疾病的恐惧、对于贫穷的恐惧、对于死亡的恐惧、对于某些可怕的不幸的恐惧，仍然萦绕在表面上看起来最乐观的人的心里。成千上万的人生活在恐惧的阴影下，被某些模糊的、即将到来的不幸折磨得忧郁不堪。

很多人生活的全部内容就是为明天可能发生的事情担忧。他们的家庭不能承受任何微小的、合法的乐趣，买不起主流的杂志和报纸。即使很需要休假，他们也没有能力这样做。他们必须节衣缩食，在一切要花钱的文娱活动上精打细算，仅仅因为下一年的生活可能会很艰苦。"家里可能会出现财务恐慌，"悲观者说，"孩子可能会生病，年头可能不顺，庄稼可能歉收，生意投资可能不会成功。我们不能预测将会发生什么，但是，我们必须为最坏的可能做好准备。"数以百计的家庭被伤害了，有时甚至被完全毁灭了，仅仅因为前面有"可能会发生不幸"这只怪兽。

这种吝啬、焦虑、怀疑的生活方式最坏的特征是，它阻碍了年轻人的发展，将它的阴影不仅投射到现在，而且投射到将来。例如，孩子应该今年上大学。时光如梭，等他们意识到的时候就太晚了。但是，父亲和母亲确定，今年他们负担不起额外的支出了；孩子必须再多等一段时间；年年如此："他们必须再多等一段时间。"

多少人一生都工作得不顺利，被剥夺了各种各样的机会，就是因为受教育的程度太低。他们的父母总是瞻前顾后，担心一些根本不会发生的事情，推迟孩子的教育，直到太晚了。

正常的俭省和节约无可非议，但是，"可能会发生什么事情"，这种悲观的担忧使人们不能享受喜悦、教育、文化、旅行、书籍、任何美妙的乐趣；直到人们的神经变得麻木，审美观死亡。这种恐惧是狭隘、疑虑的灵魂疾病。每一个清醒的人都应该和它抗争到底。

那些总为可能发生的不幸担心的人有着焦虑的、布满皱纹的脸，灰白的头发，痛苦的表情，这是多么可悲啊！一千条皱纹里没有一条、一百万根白头发里没有一根是被真实的疾病引起的。那些将头发变白，用残酷的耙子将光洁的面容划得千沟万壑的东西，那些使生活失去弹性，夺去生活中快乐的东西，是从未被通过的危险的桥，是永远不会到来的苦难。即使在极少数个别的情况中，在我们身上确实发生了苦难和悲伤，但与我们所担心的那些比起来是微不足道的。大多数我们所担心的事情永远也不会发生。

在预期不幸这个有害的习惯上花费精力和时间是多么浪费啊！将你花费在担心可能会发生什么（其实，什么也不会发生）上的精神和体力用于完成工作，你会大有收获。想一想，你总是在盘算当不幸发生的时候要采取什么行动，这浪费了你多少的时间。

　　如果我们可以摆脱凭空想象的麻烦，我们的生活会变得更快乐、更健康。要培养良好的性格，最重要的任务之一就是彻底摆脱各种表现形式的恐惧带来的有害影响。生活在恐惧中，自然地，没有人可以过着健康、阳光、有益、和谐的生活。不彻底摧毁、铲除恐惧的种子，没有人可以过上非常幸福和成功的生活。如果根除了恐惧，世界会变得更加美好。这个敌人在每个人的头脑中都是普遍存在的，每一个人都有责任与它斗争到底，有责任竭尽全力帮助其他人，特别是青少年，帮助他们从"恐惧"这个恶魔的统治下解放出来。乐观的思想者和调查者证明这有可能实现，有一个荣耀的预言：我们的后代将学会抛弃恐惧，头脑清醒、信心十足地向完美的幸福迈进。

5

战胜恐惧

> 恐惧的想法—人类的主要敌人，可以从思维的习惯中排除—彻底地铲除，但不是靠压制它。
>
> ——霍瑞斯·弗莱彻

在开始战胜恐惧之前，我们必须首先明白自己害怕的是什么。通常，它是还未发生的事情，也就是说，它不存在。麻烦是我们自己想象出来的，它发生的可能性使我们害怕。假设你害怕黄热病，也就是，你害怕这个疾病所带来的痛苦，特别是它可能终结你的生命。只要你不得黄热病，它对你来说就是不存在的。即使你患上了黄热病，它没有把你杀死，并且它可能不会这样做。在你生病的时候，真实存在的是疼痛和身体的虚弱，恐惧的状态加重疾病带来的痛苦，毫无疑问，它可能会导致死亡。如果人们过度害怕疾病，他们可能会因此死亡。似乎疾病的感染性被恐惧控制了，而不是被细菌控制。微观研究表明，恐惧确实加剧了疾病的发展。也就是说，细菌不会感染正常、健康、无畏的人。

在新奥尔良，黄热病曾经大肆横行。在所有的医生都同意这种病是传染病之前，一位来自北部的女教师发了高烧。

萨缪尔·卡维特医生被请来了。事后，据威廉·H.霍尔科姆医生的描述，卡维特医生把宾馆的管理人员和工作人员叫到一间客厅，向他们说了如下的话："这位年轻的女士得了黄热病。它没有传染性。你们不会感染，如果你们愿意听取我的建议，你们就可以拯救整个城市，不让市民恐慌，恐慌是瘟疫的温床。不要向别人说起这件事情。完全地忽视它。让服务人员照顾她，给她带些花和点心，就像平常一样。这样可以拯救她的生命，也许，从长远角度来说，可以拯救更多人的生命。"

大家都听取了这个建议，除了一个女人，为了保险起见，她搬到了一个距离病人很远的房间。年轻的教师恢复了健康，宾馆里没有人生病，除了那个小心谨慎的女人，她得了黄热病。最后，即使是她也康复了。

"通过他伟大的声誉和强有力的号召力，"霍尔科姆医生说，"卡维特医生驱散了人们对于疾病的恐惧，阻止了瘟疫的蔓延。因为他深刻的洞察力和对于'精神影响身体'原则的成功实践，我们应该为他塑造一座雕像，比以往任何英雄和政治家的雕像都更崇高。"

　　很多人都害怕从又高又窄的地方走过去。如果同样高的地方是一条宽阔的道路，人们就会通畅无阻，绝对不会认为自己可能失去平衡。在又高又窄的地方行走的唯一危险就是对于掉下去的恐惧。沉稳的人是不会害怕的；他们不允许潜在的危险吓倒自己，完美地控制着身体平衡。杂技演员必须首先克服恐惧，才能表演出那些令观众叹为观止的绝技。对于一些可怕的事情，对于肌肉、眼睛和判断力的特殊训练是有必要的，但是，无畏的头脑是最重要的。

　　在漆黑的屋子里，孩子可能会害怕到惊厥，但是，他们的父母就不会这样。当一个孩子相信鬼魂和怪兽是虚假的时候，恐惧感就会自然而然地消失了。当一个从来没有在草地上走过的城市孩子走过下陷的草地时，他会感到恐惧，他会小心翼翼地移动，就像走在灼热的铁块上一样。虽然没有什么好害怕的，但是，孩子感到很可怕。一旦孩子认为不危险了，他就不会害怕了。所以，如果我们拥有正确的习惯、传统观念和早期的教育，那么我们就会成为一个无所畏惧的人，而不会陷入恐惧的沼泽无法自拔。如果我们相信恐惧仅仅是思想中的幻影，而不是真实存在的，它们并没有伤人的力量，除非我们让它们这样做，人类会多么受益啊！

　　举一个普遍的例子，大家都害怕失业。一些人总是担心自己会犯错误，把生活搞得痛苦不堪，但是，事实上，他们并没有被解雇。只要他们没有失去工作，生活就不会变得不幸，不会缺衣少食。所以，当前的情况还是令人满意的。如果真的失业了，那么，担心也来不及了，之前的担心也全都白费了，没有什么帮助，只是让人灰心丧气。应该担心的事情是能否找到下一份工作。如果下一份工作找到了，那么，所有的担心又变得没用了。无论何时何地，担心都是多余的。它是对于未来困境的想象，没有实际意义。

为了克服各种各样的恐惧，仔细地想一想每一件事情的前因后果，告诉你自己，现在，你害怕的事情只不过是虚假的想象。不管将来这件事情会不会发生，你的恐惧只不过是在浪费时间、精力和体力。戒掉恐惧，就像戒掉引起你痛苦的食物和饮料一样。如果你一定要担心什么事情，那么就担心"担心的可怕后果"吧。它可以帮助你戒掉恐惧。

仅仅告诉你自己恐惧是虚幻的想象是不够的，你必须训练自己的大脑，让它摆脱所有恐惧的苗头，打败所有引起恐惧的思想。这意味着你必须保持警觉。当你产生有可能导致恐惧和焦虑的念头时，不要置之不理，让它们发展壮大，而要改变你的思想，想一想积极美好的事情。如果你担心自己会失败，不要想着你自己有多弱小，你的准备有多不充分，你一定会失败，想着你是一个有实力、有竞争力的人，你有类似的经验，你一定会好好利用过去的经历，获得成功，并且为下一次更大的成功做好准备。这是一种正确的态度，不管是刻意的还是自然的，都会带领一个人登上越来越高的山峰。

要驱除恐惧的念头，就要用快乐、充满希望、有自信的想法充满大脑。这一个原则可以应用到我们的日常生活当中。一开始，改变当前的想法是十分困难的，停止为悲伤、压抑的事情烦心也是不容易的。对于这一点，我有一个不错的建议。你可以开始做另一件不同的工作，当你全身心投入到这件工作中的时候，你就会忘记不开心的事情。回忆一些有意思的事情可以"赶跑无趣"。一本非常有趣的书也是不错的选择，如果你聚精会神地去读它。

归根结底，所有的恐惧都源自对于死亡的恐惧，所有劝人摆脱恐惧的励志作家都在这件事情上花费了很多的笔墨。死亡也许永远是一件神秘的事情，但是，不管人们对它持怎样的态度，理性的分析会让我们消除对它的恐惧，特别是当我们想到死尸只不过是令人反感的肉体的时候。印度人对于动物的肉体的态度让我们感到古怪，因为这对我们来说是美味的食物。我们对于人类尸体的恐惧就像印度人对于动物尸体的恐惧一样愚蠢，如果想摆脱恐惧，我们必须这样告诉自己。熟悉你害怕的东西是摆脱恐惧的一种好办法，你了解得越多，恐惧就会越少。如果不能消除对于死尸的恐惧，霍瑞斯·弗莱彻建议我们去医院上一堂解剖课。

"无论什么躺在坟墓的里面，"W.E.H.莱基说，"坟墓本身对于我们来说什么也不是。监狱般狭窄的小房子，阴暗的氛围，令人厌恶的腐烂，然而，人们总会有一种错觉，他们的想象力会勾画出一幅走向死亡的图像：身体腐烂了，可是人的意识还在；在肮脏的土牢里，人获得了自由，注视着世间发生的一切。努力消除这样的错觉，它植根于你对于死亡的恐惧。很多中世纪和现代的艺术作品甚至加强了人们的这种恐惧。事实上，现实生活中的事情才是最真实的。比起死后的身体，我们更应该关心理发师剪掉的头发。至于尸体，它们越早化为泥土越好。人们不应该为它们的腐烂而伤脑筋。"

不管采用什么方法，征服恐惧是塑造良好性格最重要的一步，它会让人们受益匪浅。人们只有做到了这一点，他们的灵魂才能到达美好的天堂，他们才能越来越有力量。

致命的情绪

> 愤怒和担心不仅使人怯懦和压抑，有时，它们甚至是致命的。
>
> ——霍瑞斯·弗莱彻

> 暴力是短暂的。怨恨、暴怒、报复心理都是恐惧的表现形式，它们都不会长久。安静、持续的努力会把它们驱散，让人变得坚强。
>
> ——埃尔伯特·哈巴德

恐惧并不是唯一带给我们致命伤害的情绪。软弱的人要警惕，不要让异常的干扰情绪毁坏自己的生活。但是，这些情绪对坚强的人们也有伤害，只是程度较轻。许多案例表明，突然暴怒会引发中风和死亡。悲伤、长期的嫉妒和巨大的焦虑引发了多起精神疾病。可见，情绪杀死了理性。

正像前面提到的一样，在致命的情绪中，悲伤是最广为人知并被普遍认同的一种。据说，柯勒乔因懊恼而死，因为他的一幅画作仅仅卖了40元钱，而如今，这幅画已经成为德累斯顿画廊的宝物了。因为过于敏感，济慈死于别人对他的猛烈批评，这种案例不在少数。年轻女孩因为对爱情失望至极而死的例子屡见不鲜。

有时候，过于突然的喜悦也是致命的。日报上经常刊登这样的消息：年迈的父母突然见到失散已久的孩子，喜悦之下当场而亡；某人得到了巨大的财富，激动中命丧黄泉。在巴黎，一个人在证实自己的彩票中奖后死掉了。在古巴，克丽亚夫人看到儿子带回家一位新娘，惊喜在5分钟之内杀死了她。

即使情绪的强度不足以致命，它的影响也是非常有害的。愤怒的情绪毁灭食欲，阻碍消化，使神经不安长达数小时，甚至数天。它使整个生理系统处于消极状态，作为响应，精神系统也受到有害的影响。就像它把一张美丽的面孔变得丑陋一样，愤怒可以改变一个人当前的性情。母亲的愤怒是孩子的毒药。极度的愤怒或恐惧会产生黄疸病，还有一些情绪有时可能引起呕吐。

嫉妒将会使整个人体系统处于消极状态，是健康、幸福和成功的最大敌人之一。嫉妒情绪的受害者经常完全失去了健康的身体，直到引起他们极度嫉妒的原因被消除，他们也可能精神消沉，以致杀人或自杀，或者发疯。巴黎报纸有一个专栏，题目为《爱情的悲剧》，就专门讨论爱情中的嫉妒怎样酿造悲剧。持续的强烈嫉妒有时不仅仅会影响消化、吸收、精神的平静，而且会完全毁掉一个人的性格。

情绪会影响身体功能和其他功能，一部分原因是因为情绪会在人体内产生特定的化学物质。医药学家说这和毒蛇产生毒液很相似，毒蛇也是在害怕和生气的情绪影响下分泌毒液的。毒蛇有一个毒液囊，毒液将渗入那里；我们没有囊状结构，如果不尽力排除，有害的化学物质将储存在身体的各个组织中。

埃尔默·盖茨教授是情绪研究领域的佼佼者。他说："悲伤、痛苦的情绪影响身体的内分泌和外分泌，这是大家都知道的。因为大家都亲身经历过这样的情况：当情绪压抑时，呼吸速率会降低，体内循环会被阻碍，消化功能会被损害，脸颊会变得灰白，眼神会变得毫无光彩等等。"

通过用多种手段和灵敏的工具测量"疲劳点"、"反应时间"等等，盖茨教授认为，相对于压抑的情绪，人们在快乐的情绪下能够进行更强烈的肌肉、脑力和意志力活动。

"身体系统会尽力排除新陈代谢产生的废物，"盖茨教授说，"所以刻骨的悲伤会产生大量的眼泪；突发的恐惧会触动愁肠，使得肾脏开始反应；长时间处于恐惧之中，全身会出冷汗；恐惧会让嘴发苦—因为硫氰酸盐被大量分泌出来。在恐惧与在快乐的情绪之中，汗液的化学成分是不同的，甚至气味也不同。"

在指出了废物排泄在身体系统中的作用后，盖茨教授继续说道："现在，很多方法可以证明，废物的排泄会被悲伤或痛苦的情绪所阻碍；不，甚至更糟糕，这些压抑的情绪直接导致体内有毒物质的增加。相反地，舒心和高兴的情绪不仅可以抑制压抑情绪产生的不良反应，而且可以使得身体细胞产生和储藏有用的能量和营养组织产物。"

"这些实验为我们提供了有价值的建议；在悲伤的情绪中，我们应该有意识地加快排汗、呼吸和肾脏活动，使得有毒物质尽快排出体外。把你的悲伤带到外面，工作到汗流浃背；每天多洗几次澡，把皮肤排出的废物洗掉；最重要的是，使用所有熟知的手段——比如戏剧、诗歌和其他的艺术形式，或者直接运用意志力引发快乐和舒心的情绪。任何能引起、延长或加强悲伤情绪的手段都是错误的，不管是服装、戏剧还是其他的东西。快乐是一种工具，而不是结果——快乐激发能量，有利于生长，延长寿命。快乐的情绪和其他一些感觉让我们体会到生活中的乐趣，对于它们的科学研究和训练在熟练有效地利用大脑的艺术中是重要的一步。通过合理的训练，压抑的情绪可以确实地从我们的生活中消失，良好的情绪成为永久居留者。所有的这些是非常乐观的前景。"

　　月复一月，年复一年地积累悲伤的情绪是对自己的犯罪，也是对自己接触到的其他人的犯罪，但是，很多人还是这样做了。这种做法对任何人绝对没有丝毫好处，至少对于那些悲观的人没有好处，他们不会因此感到快乐。逝去的人们不会在亲友们无休止的悼念中感到快乐，与悼念者在一起的人们看到悲伤的棺罩，感到压抑与受伤。这样的悼念仅仅是自我怜惜，是一种自私的表现。与其因为丧失了与这位逝去者在一起的快乐而感到悲哀，还不如生活在快乐的回忆中。你见过从瑞士回来的旅游者因为不能再置身于瑞士美丽的山谷而哭泣和伤心吗？你希望看到他目光矍铄、精神昂扬地向你讲述他所见到的美景和感受到的快乐。

　　"在这种关系里，"霍瑞斯·弗莱彻说，"我们可以知道，分离，比如说死亡，远不如认识一个深爱的人重要，对于不可避免的改变，欣赏和感恩永远重于遗憾。"

　　"对于死亡的态度应该是这样的想法，甚至可以这样说：离去吧，亲爱的；进入更好的境界，那里每一个变化都会更加美好；我不久也会跟随你这样做；对于你的离去，我感到快乐，这份快乐会陪伴在你左右；我爱的人被那份快乐所保佑；你和我在一起的点点滴滴将留在我的记忆里，永远。"

　　愤怒有很多种形式和原因，但是，按照霍瑞斯·弗莱彻展示的那样，愤怒根植于恐惧。一个人十分愤怒，因为他担心一些人的言行会使自己受到人身伤害，他们会损害自己的物质财富，剥夺自己所爱的东西，污蔑自己的声誉或者使自己丧失友谊。自信、勇敢、镇定的人不容易被激怒，尽管他遭受了所有的苦难和折磨，这些苦难和折磨足以让其他人无法承受，每天被压垮千万次。一个普遍的说法确切地形容了愤怒的结果：一个人的精神和肉体的和谐会被压得粉碎，而把它们拼起来需要很长的时间。

自我控制可以防止愤怒。判断事情时，对于它们的结果多加逻辑思考有助于实现自我控制。

被激怒的一个普遍原因是被骂脏话。想一想到底发生了什么，你就会明白，因为被这个激怒是多么可笑。你确实非常生气，因为你害怕别人会认为辱骂之词中对你的定性是真的。如果你对于自己和自己的名誉有十足的把握，那么，那些谩骂之词无异于狗叫，或者一些你听不懂的外语。它根本没有任何的实际效用，仅仅是你让它进入了自己的大脑。它一点也不会改变事实。最明智的态度是像马拉布那样，他在马赛的一次演讲中被叫作"诽谤者、骗子、杀手、恶棍"。他回应道："先生们，我会等待，直到你们把这些美妙的称谓用完。"

因为某人的工作没做好而生气于事无补。生气不能改正错误，或者令犯错者避免下次再犯，而通过正确的方法，细心地向犯错者展示到底哪里出了问题才能真正避免下次再犯。比起花力气在生气上，你的精力会花得更值得。

　　无论让你生气的原因是什么，你会经常发现它们只是一些鸡毛蒜皮的小事。事实证明，当事情有些异常时，急性子的人经常在第二天道歉。培养三思而后行的习惯，你的怒火将被减到最低程度。培养乐观大度的性格，特别是对你接触的所有人都充满爱，不久，你就会发现，对他们中任何一个人感到愤怒都是很难的。同样，通过对思维态度的培养，嫉妒和仇恨的心理也会消失。不管有害的情绪如何摧毁你的幸福，缩短你的寿命，解决之道都可以在自己这里—在自己的思维和行动中找到。很久以前，爱比克泰德实践了这种方法，并且说："回忆你还没有开始生气的日子。过去，我每天都生气；现在，每两天生气一次；然后，每三天或四天生气一次；如果你已经三十天天没有生气了，甚至开始想念生气的日子了，那就向上帝感恩吧。"

掌握我们的情绪

> 真正的伟人知道自己想要什么，不让脾气和情绪掌控自己，他们做事有坚定的原则。
>
> ——瑞欧

当处事艰难时，当所有一切似乎都在和你作对时，当每一方都对你百般阻挠时，当天空阴霾，你看不到光亮时，你需要展示自己的耐力，展示你所具备的东西。如果你足够坚强，苦难会激发你。衡量一个人成功的标准不是好环境促成的成功，而是自身的努力。当你因为遇事不利，早晨醒来感到情绪低落，没有勇气时，你要坚定自己的信念，无论在任何情况下，你都可以把那一天变得充实、有意义。如果你向失落的情绪投降，这可能就是失败的、碌碌无为的一天，而良好的掌控自己的情绪可以让你完成比原先多很多的工作量。

人在本质上是懒惰的动物，当事情变得艰难时，他倾向于溜走或者绕着困难走。但是，这样做并不能杀死那只牵绊你脚步、夺去你快乐的怪兽。不要推托你的工作；不要绕着障碍走—径直走过去，穿越它。抓住怪兽的头颅，将它扼死。

"最重要的是，"弗兰科·哈德克在《意志的力量》中说，"愤怒、烦躁、嫉妒、忧郁、醋意、郁闷和忧虑应该被坚定、强大的意志从大脑中完全排除。所有这些都是心理恶魔。它们不仅扰乱思维，而且通过产生有害的畸形细胞危害身体。它们扰乱了平稳的体内循环。它们产生的有毒物质最强可以致死。它们将神经细胞压扁、撕裂。它们引发永久的精神问题。它们驱散希望，使人们失去动力，没精打采。我们应该像驱除外族一样，坚定地将它们赶出我们的生活。它们可以被扼制、被屠杀、完全被锁在你的生活之外。能做到这些伟大成就的人们会发现，自己的意志如此强大，足以实现每一个要求。"

如果你性格忧郁，情绪多变或沮丧；如果你有担忧的习惯，经常为事情苦恼，或者你有其他阻碍自己成长的坏习惯，一直迁就这种坏习惯是不会让你摆脱它的。迁就这种习惯只会加重它，这是毫无疑问的。但是，如果受困者尝试着通过唤起快乐的回忆改变当前的思维状况，欣赏一些艺术和自然界中美丽的事物，阅读一些有益的、振奋人心的书籍，"忧郁"很快就会烟消云散的。阳光会代替阴霾，快乐会代替悲伤。就像维格斯夫人所说的那样："得到快乐的方法是：

当你感觉很糟的时候，尽力微笑；当自己的麻烦很棘手的时候，还可以帮助别人考虑问题；当乌云重重的时候，坚信太阳仍在照耀。"

我见过最阳光、最乐观的女士告诉我，她非常容易郁闷或忧郁，但是，她学着去克服这种情绪。当她感到不良情绪将要侵袭时，她会强迫自己唱一首轻松愉快的歌，或者弹一首活泼的钢琴曲。

如果新的意念比较强势，很容易驱除旧的情绪。

"对付懒惰的唯一方法是工作，"罗斯福说，"对付自私的唯一方法是牺牲；对付怀疑的唯一方法是听从耶稣的命令；对付胆怯的唯一方法是在恐惧来临之前全力以赴完成可怕的任务。"相似的，对付坏情绪的唯一方法是酝酿好的情绪，用它填满大脑。它要求用强烈的意志去努力，但是，克服任何不良情绪的唯一方法是持续不断地想相反的好情绪，坚持练习，直到成为习惯。保持与压抑情绪相反的想法，你的情绪会自然而然地转变。想象力对于转换不愉快的情绪或经历很有好处。当你看到了恶劣情绪的受害者，对自己说："这不是真的；这不会影响我更高更好的状态，造物主绝对无意让我被如此黑暗的画面笼罩。"持续不断地回忆最快乐的经历，生活中最幸福的日子。持续不断地在大脑里保持愉快的事物；通过回忆自己的成功驱逐对于失败的念头。当悲伤威胁到你的情绪时，坚持快乐的思维。唤起希望来帮助自己，勾画一个光明、成功的未来。将自己沉溺在这种快乐的想法里几分钟，你会惊讶地发现，所有黑暗和郁闷的鬼魂——所有纠缠不休，使你焦虑的想法，都消失不见了。它们承受不了光明。轻松、愉悦、快乐与和谐是你最好的保护者。就像《神秘杂志》的一位作家所说的那样："我们的麻烦最不能忍受冷漠和嘲讽。当我们把麻烦抛在一边，把它忘掉，去考虑更有价值的事情，或者，当在我们意识里，我们认为它不值一提时，麻烦就会羞愧地溜走，把它们'缩小的脑袋'藏起来。"

我们只有掌握好自己的情绪，才能最完美地完成工作。受情绪支配的人不是一个自由的人。当一个人能够打倒情绪的敌人，控制自己的领土的时候，他才是一个自由的人。如果一个人必须每天早上问问自己的情绪，看看自己能否最好地完成任务，或者这一天只能做做不重要的事情；当他起床时，如果他必须看看自己的情绪温度计，以判断自己的勇气是上升还是下降，那么，他是一个奴隶，他不可能幸福或成功。

如果一个人每天早上都信心十足，状况会多么不同啊！他会尽善尽美地完成自己的工作，情绪问题或外部环境不会阻碍他完成任务。他没有恐惧，没有怀疑，没有焦虑，他是多么镇定啊。

在一百万苦恼、畏缩、沦为情绪的奴隶的人中，会有一个冷静、坚定的人有这种出色的自我控制力。确实，自我控制是文明课程中的最后一课。并且，它

是成功的先决条件，通过适当的努力，每个人都可以学会。当学会了自我控制，我们再也不需要嫉妒那些沉静理性的人，那些气势强大、安静、坚定的人，那些有条不紊地向自己的目标迈进的人。他们只是学会正确思考、掌握了自己的情绪、可以控制别人和环境的人。如果我们愿意，我们也可以变成那样的人。

在压力下训练是世界上最好的法则。你知道什么是对的，即使不想做，你也要去做。这是牢牢掌握自己的最好时机，坚定不移地完成任务，不管有多艰难。日复一日，年复一年地坚持这个法则，不久之后，你将学会这种最高的艺术—完美的自我控制。

8

无益的悲观主义

> 宇宙用自己的方式反馈每一个人。如果你微笑，它会用微笑回报你；如果你皱眉，它也会朝你皱眉；如果你歌唱，它会与你快乐地合唱；如果你思考，你会从思想者那里得到快乐；如果你热爱这个世界，而且诚恳地寻找美好，你会被爱你的朋友包围，自然界会将地球上的瑰宝献给你。
>
> ——瑞泽曼

想一想这样的努力是多么不值得，令人惊奇的是多少人将自寻烦恼看作一种事业，引诱它，培育它，自己跑去见它。他们当然找到烦恼了。没有人自寻烦恼还找不到的。因为一旦从思想上确定，一个人会对任何事物找麻烦。据说，在西方世界发展的过程中，在上前线的日子里，携带着手枪、左轮手枪和鲍伊猎刀这些武器的人经常陷入困境，相反，从来不携带武器，但是相信自己、自控力强、机智和幽默的人却很少惹上麻烦。那些对于携带武器者来说是寻衅闹事的情况，对于敏感的、不携带武器的人来说只不过是一个玩笑。陷入麻烦的人都是自寻烦恼。如果一个人一直持有悲观、泄气、忧郁、沉闷的想法，他们就很容易心情压抑，受到伤害。对于同样的事情，乐观者会认为只不过是小事一桩，一笑带过，而悲观者会把它看成可怕的凶兆，一种不能言状的黑暗未来。

很多不快乐的人渐渐变成这样，因为他们养成了不快乐的习惯，他们抱怨天气，挑剔食物、拥挤的交通和工作中相处不好的同事。抱怨、批评、挑剔和为琐事苦恼，这些自寻烦恼的习惯是最不幸的事情之一，很难改正，特别是在年少的时候。不久之后，有这些坏习惯的人就沦为情绪的奴隶了。所有的情绪冲动都会被引向歧途，日积月累，直到发展为悲观主义、愤世嫉俗。

自寻烦恼的人中也有一些人更进一步，他们自寻疾病，并且不在少数。他们随身携带着药罐子，时刻准备着对付疟疾、感冒，一切可能的疾病。他们十分肯定：自己会生病的。当横穿美洲大陆旅行或者去欧洲旅行的时候，他们会随身携带各种常用药，甚至可以开一个药店了，针对每一种可能的疾病的药都可以在他们身上找到。说来也奇怪，这些人经常感到不舒服，他们一直感冒，患上各种流行疾病。那些从不自寻烦恼的人，积极乐观的人，很少随身携带药物，他们出国的时候也不会经常生病。

　　一些人总是自寻疾病，他们总是呼吸着下水道散发出来的瘴气和污浊的空气。他们居住的地方一定不利于健康，太高或太低，阳光太强烈或者太阴暗。如果他们感到身体任何不适，就会断定是生病了。毫无疑问，他们终究会生病，因为他们寻找它，预期它，盼望它。如果他们发现自己错了会很失望。事实上，生病的是他们自己的思想。如果思想有病，一定会通过身体体现出来。这是迟早会发生的。

　　一些自寻烦恼的人会把胃部看作厄运的风暴中心。他们在大脑中有一张详细的列表，记录了"顺意"和"不顺意"的事情，并且偷偷地期望着找到新的不顺的事情。每吞下一口食物，他们就向消化不良靠近了一步，因为他们认为吞下的一切都会伤害自己。疑虑的想法、恐惧的想法影响了消化系统，使胃液的分泌陷入混乱，或者阻止了身体的内分泌作用。当然，麻烦来了。

　　还有一些特殊的人把空气看作烦恼最丰富的来源。整个法国一直在空气问题上自寻烦恼。一个在法国居住的美国人打开了窗户，他就会被警告：你这种行动会引发酸眼症、肺炎、感冒，甚至暴卒。如果所在地开了一扇窗，这些空气危害怀疑者就会对"患了感冒"疑神疑鬼，当然，他们最终难逃感冒的厄运。正是恐惧、疑虑降低了身体抵抗力，使他们容易患病。如果邻居中有人患了传染病，自寻烦恼的人一定会感染。如果孩子咳嗽了，两腮有病容，甚至感到饥饿，他们就会确定，可怕的传染病已经开始作祟了。

然而，最可悲的情况是一些人坚信，身体的疾病（经常是臆想出来的）最终会杀死自己。如果一个人确信自己的肺不好，心不好，胃不好，他就会惴惴不安。生活中，在做任何打算的时候，他就会想起自己的疾病，精神消沉，以致影响了所有的家庭活动。对于所有这些数以千计渴望健康快乐的人，他们所需要的只不过是一个更好的精神状态，一个轻松的、充满希望的态度，所有的活动都应该在这种处世哲学下进行。这种人是各种江湖庸医的猎物，他们"嗜毒成瘾"，吞掉了百万吨药片。这些药片在报纸上铺天盖地地做广告，蒙蔽了读者的眼睛，让一些庸医暴富，而让用药者过着原本不应该有的苦难的生活。我希望可以唤醒这些人内心深处的灵魂，使他们认识到：自己的命运决定于自己的观念；通过坚持有益的想法，意志力能够让他们摆脱各种疾病，不管是肉体上的还是精神上的，让他们的生活控制在自己手中。我们每个人都能成为主宰者。

有些人经常抱怨悲惨的命运和生活的贫困。他们的面容饱经风霜，仿佛是一个活广告，展示着自己的失败、疲倦、麻木、死气沉沉的人生。他们一直喋喋不休，却从不去行动。

我认识一位聪明、精力充沛的年轻人，他刚刚开始经商，但是，他有一个不好的习惯，他总是向每一个人抱怨自己的生意不顺。当别人问他生意进展如何时，他总是说："很差，很差；没有生意；没什么事情可做；仅仅是维持生计罢了；赚不到钱；我都想把它卖掉了；自己经商真是错误的选择；如果给别人打工，靠工资生活多好啊。"这个年轻人总是习惯性地抱怨自己的生意不好，即使生意兴隆，他也总是说生意不景气。他的话让人泄气，让你感到厌倦和恶心，这样对未来没有信心、没有把握的人迟早会自毁前程，失去创业的壮志雄心。

对于公司老板来说，有这种习惯是很不幸的，因为它会感染到员工；它会摧毁员工对老板、对生意的信心。大家都不愿意成为悲观主义者的雇员。员工在愉悦、乐观的氛围中比在沉闷、压抑的氛围中工作质量更高。

贬低自己事业的人不会像抬高自己事业的人那样出色。贬低每一件事物的习惯会让思想朝着消极、有害的方向移动，而不是积极地、创造性地活动，这对于事业的成功是致命的。贬低事物会产生一种不和谐的环境。没有人可以进步，当他认为自己在倒退。

被错误使用的想象力是我们最可怕的敌人之一。我认识一些人，他们因为总是想象自己被虐待、被轻视、被忽略、被议论而生活得郁郁寡欢，很不舒服。他们认为自己是各种厄运的目标，是被嫉妒的对象。事实上，大多数这样的想法是自己毫无根据的想象。

这是一种最不幸的思维。它抹杀欢乐，颠倒是非，使精神失去和谐，让生活变得不尽如人意。

有这样想法的人把自己沉溺在悲观的氛围中，过着可怜的生活。他们经常带着黑色的眼镜，使周围的一切看起来像处在丧礼中；他们只能看到黑色，别无其他。他们生活中的所有音乐都定在最低的调子；在他们的世界里没有快乐与光明。

这些人一直在谈论贫困、失败、厄运、艰难时事，以致他们的整个人生都陷入绝望。因为忽视与误用，乐观的态度从他们的大脑中萎缩了，而悲观占据了整个大脑，使他们的思想再也不能获得平衡，变得正常、健康、乐观。

这些人无论到哪里都会造成沉闷、消极的影响。没有人喜欢和他们交谈，因为他们总是讲述自己有多么不幸。和他们在一起，总是让人觉得时事艰难，钱财不足，"社会在走下坡路"。不久之后，他们会变成悲观怪人，像是精神有问题，不能达到平衡。人们总是躲着他们，好像他们是臭气四溢的沼泽，令人唯恐避之不及。

有时，一个健全的家庭可以被沉闷、有不满情绪的成员影响，平静的气氛因此被毁掉。这样的人通常不能和周围的环境和谐相处，自己的生活没有丝毫快乐，而且尽可能地毁灭别人生活中的快乐。这样的精神状态不仅会引发疾病，而且会影响治疗疾病的效果。

乔治·C.特尼曾经有在疗养院治疗的经历，根据这段经历，他写道：“帮助一个有偏执狂的人，无异于尽力去救一个自己想溺水的人。有些人把大部分的时间花在为自己寻找新的疾病上面，当找到时，他们会无比激动。他们会立刻把病症表现出来，其实这种做法标志了他们进一步的沦落。如果一个人和自己的环境持续作战，他不可能恢复正常的状态。让一个对现状不满的人吃药，去治疗他的疾病，相当于将水倒进沸腾的油中。这样做会将他激怒。神圣的力量才能治愈病痛，我们需要和谐地使用这些手段，就好像是神灵治愈了病痛一样。有远见的人选择能够为自己提供良好归宿的工作，对工作的满意意味着我们能和它和平共处，不管我们喜欢或不喜欢这份工作。”

“对于容易焦虑的人，引起烦恼的原因并不重要，”A.J.桑德森教授说，“关键是它们都对身体造成了影响。每一个身体机能都被削弱了，在压抑状态的长期影响下，这些机能会退化。特别是其他原因使身体某个器官受损的情况下，情绪对于身体的影响更为显著。两者的结合会马上引起真正的疾病。”

“治疗过程中最大的障碍是情绪的低落，它甚至是导致疾病的原因之一，特别是疾病会引起剧烈疼痛的时候。比起肉体上的原因，它对身体恢复的阻碍更为严重，而且从人们的意识里抹去了这样的观念：人体本身有神奇的自我恢复能力。"

伤害最大、最使人不悦的自寻烦恼的方式是找碴，总是批评别人。有些人从来不慷慨一些，对别人宽宏大量一些。他们吝惜赞美之词，总是看不到别人的美德，却对别人的每一个做法都严加指责。

不要把生命耗费在自寻烦恼，自掘坟墓，寻找丑恶的事物上；不要总是看到别人的缺点——看看别人的优点。在一开始，你就要坚定这样的信念：不要指责别人，不要挑剔他们的错误和缺点。总是挑衅别人，讽刺嘲笑别人，挑剔每一件事、每一个人，总想批评别人而不是赞美他们，这是一种十分危险的习惯。它像致命的害虫，啃噬着玫瑰花蕾和水果的内部，它最终将让你的生活伤痕累累，面目全非，非常痛苦。

这种恶劣的习惯一旦养成，和谐快乐的生活将离我们而去。总是寻找可以指责的对象的人毁坏了自己的性格和正直的本性。

我们都喜欢阳光、乐观、充满希望的人；没有人喜欢爱抱怨的人、找碴的人、在背后说坏话的人和诽谤者。这个世界喜欢爱默生而不是诺道，喜爱相信自己事业长青，善良永存的人，喜爱相信人性善良而非人性丑恶的人。无所事事的八卦者，爱嚼舌头的人，随意乱发脾气的人只会获得短暂的满足感，之后，他们就会受到自己丑陋本性的折磨，不知道为什么别人十分享受生活，而自己却生活得不快乐。在生活中，发现美丽和发现丑恶，发现高尚和发现卑劣，发现快乐和发现忧郁，发现希望和陷入绝望，发现光明面和发现阴暗面，是一样容易的。总是面朝阳光与总是看到阴暗的角落是一样简单的，但前者会让你的性格大不相同，让你满意而不是不满，让你幸福而不是受苦，让你富裕而不是贫困，让你成功而不是失败。

那么，学会看到事物的光明面吧。坚定地拒绝阴暗、污渍、丑恶和不和谐。牢牢抓住那些能够带给你愉悦的东西，那些有益、有启发性的东西，这样，在短时间内，你整个看问题的方式会因此改变，性格也会有所转变。

很多人认为，如果换个环境，生活会快乐一些，事实上，环境和一个人是否生活幸福没有关系，即使有，环境的影响力也是微乎其微的。

我认识一些人，他们失去了最好的朋友，生活极其不幸，和悲惨的命运抗争，深受病魔的困扰，但是，他们勇敢地渡过了一切难关，总是保持乐观，充满希望，激励着所有认识他们的人。

如果你经常不快乐，经常抱怨自己的环境不好、运气不好、生活贫穷，你一定要记住：很多人如果有你的条件不知会多高兴。

不要总是过低地评价自己的事业、这个时代、你的朋友和其他一切事物，反过来，去赞美他们。有了这个思维习惯，过不了多久，你就会看到周围的一切

都发生了变化，你的状况更好了。

一个坚定、积极的人不允许自己有消极的想法，说消极的话。他不会说："我不行。"他总是说："我可以。""不行"毁掉了很多年轻人，因为一旦养成了不好的习惯、怀疑的习惯，他们就会情绪低落，一蹶不振。他们束缚了自己的手脚，如果不改掉思考、说话和行动的方式，他们就不能摆脱坏习惯造成的不良影响。

虔诚的信仰是乐观与和谐之子。悲观的气氛总是对健康、事业和精神造成致命的伤害。理智的人从来不疑神疑鬼，自找麻烦，他们做相反的事情。他们知道，健康与和谐是永恒的，疾病与混乱只是一时的。就像是黑暗不是一个独立存在的个体，它的存在只是由于缺少了光明。过有理智的生活，情况会大不一样。

"软弱的人纵容疾病的蔓延。
创造了可怕的恶魔，被病痛折磨。
如果你能够在每一个不幸中看到闪光，
看到完美的事物，
你会忘掉生活的悲伤，
即使你的遗书中也会充满甜蜜。"

9

乐观的力量

> 坚定的乐观者终将获得成功，丧失了希望，你将一事无成。
>
> ——海伦·凯勒

> 生活中，我见过最成功的人是乐观和充满希望的人，他们工作的时候脸上总是挂着微笑。勇敢地面对生活中的一切变数和机遇，无论顺境或逆境，他们都能安然度过。
>
> ——查尔斯·金斯利

乐观的人拥有创造力，悲观的人无法望其项背。世界上没有什么比开朗、充满希望、乐观的性格更能让生活变得甜蜜，去除它的苦难，让它变得平静。在智力水平相同的情况下，乐观者比悲观者更强而有力。乐观是大脑的润滑剂，快乐能够驱除摩擦、担忧、焦虑和不愉快的经历。与情绪和脾气不好的人比起来，与承受能力极低的人比起来，乐观的人身体机能老化的速度明显较慢。

"乐观在保持健康和治疗疾病中都起到了重要作用。" A.J.桑德森教授说，"对于身体健康，它有药物一般的疗效，却不像毒品那样，对身体组织造成虚假的刺激，随之而来的是副作用和腹泻。乐观可以通过正常的渠道真正地影响生活，它的作用触及身体系统每一部分。它让眼睛明亮，让面色红润，让脚步轻快，让生命迸发活力。乐观的态度可以让血液循环更加通畅，让氧气顺利到达身体的各个组织器官，从而促进健康，预防疾病。"

8年前或10年前，阿拉巴马的一位农民得了肺病。一天，他犁地的时候突然大出血。他的医生告诉他，因为失血过多，他可能会死掉。他却说他还没有准备离去，并且活了很长一段时间，虽然只能卧床。他不断积蓄力量，最终坐了起来，接着，他开始对任何事情、每一件事情都开怀大笑。即使别人看不见丝毫可笑之处，他也会兴高采烈，并且因此获益。他变得十分健康。他说，如果不是一直大笑，他一定会死去的。

通过"大笑治疗法"，通过以乐观代替烦恼、忧虑、抱怨，很多人都摆脱了病痛之苦。当一个人抱怨或者挑刺的时候，他就是在宣布被自己的敌人打倒了，自己的生活变得不如所愿。摆脱这些快乐的敌人的方法是否认它们的存在，把它们从大脑中驱逐出去，因为它们仅仅是幻觉而已。和谐、健康、美丽、成功——这些才是真实存在的，如果它们消失不见，那些负面的东西才会趁机出现。

一位伟大的哲学家说："我尽力不让任何事情折磨自己。不管发生什么，我都把它当成是最优的结果。我认为这样做是一种责任，如果我们不这样做是有罪的。"

相似的，约翰·卢伯克先生也说过："我坚信，如果老师们强调'快乐是一种责任'与强调'责任带来快乐'一样多，我们的世界会变得更美好。我们应该尽可能地让自己快乐，因为让我们自己快乐是让别人快乐最有效的方法。"

思维的平静最有利于我们自己的快乐和健康。当思维沉静的时候，身体的每一个器官和每一个功能都平静下来，正常工作。身体的各个部分都得到了平衡和健康。比起慌乱不堪的思维，在平静的思维下，人们可以做成更多的事情。

"平心静气地计划，你一定会成功，
与此同时，莽莽撞撞的人一定失败。"

心思平静的人能够高质量地完成工作。偏执、慌乱的人的工作中找不到这种活力与自然感。平静与不和谐、焦虑、野心不能共存。它与罪恶势不两立，只能与纯净的良知住在一起；它不能和诚实与公正分割开来，也不能和懒惰或邪恶同流合污。

性格开朗的人容易招揽生意；大家都喜欢与和蔼、乐观的人打交道。我们会本能地远离那些龌龊、跋扈、卑鄙的人，不管他们如何有能力。我们更愿意与乐观的人做生意，哪怕少做一些生意或少赚一些钱。

如今的商界太严肃，太缺少真诚。历史发展到今天，美国人的生活节奏之快达到了前所未有的速度。人们总是希望能从巨大的压力中解脱出来，而开朗、乐观、和蔼的人就像是闷热的 8 月中的一阵海风，带给人们度假一般的轻松感。我们喜欢这种人，因为至少他们让我们在紧张的压力中得到了暂时的缓解。乡村的店主花费数月时间等待快乐的旅游者，他们会买去大量商品，让店主获利。比起无礼、声音严厉、不讨人喜欢的售货员，面带微笑、声音悦耳的售货员可以卖掉更多的商品，吸引更多的顾客。承办商、大型企业的老板做生意必须和颜悦色，化解敌意，以赢得好评。从事报业的人必须依靠交朋友赢得主动权，获得采访权，以揭露事实，发掘新闻。所有大门都向开朗的人敞开着，而不讨人喜欢、爱讥讽别人、沉闷的人却不受欢迎。很多其他的生意也是建立在礼貌、乐观、良好的幽默感的基础之上的。

通常，如果具有乐观开朗的性格，雇员们可以让自己的处境变得容易些，得到更多的工资。与此同时，他们自己也度过了愉快的时光。爱茉莉·贝利谈到了自己的经历，在她的经历中，我们可以发现乐观带来的好处。她说："有一天早晨上班的时候，我决定以乐观的态度处事，看看有什么改变（我已经郁闷了很长一段时间了）。我告诉自己：'长期以来，我发现乐观的情绪有助于身体健康，所以我决定在其他人身上试验一下它的效果，看看我乐观的想法是否会影响到他们。'显而易见，我十分好奇。走在马路上，我更加坚定了决心，我不断暗示自己：我很愉快，我是一个幸运的人。我惊奇地发现自己情绪高涨，昂首挺胸，我的脚步变得轻快了，像是走在空气上。微笑不自觉地爬上我的面容。我和一些女人擦身而过，我看到了她们面容，那上面写满了焦虑、不满，甚至愤怒，那种情绪似乎会感染到我。我希望能分给她们一些阳光，那阳光已经温暖了我自己。

"一到公司，我就和图书管理员打招呼，以往我是不会这样做的。我本身并没有机智过人，但是，这样做马上让我感到一天有了一个愉快的开始。图书管理员也感受到了我的情绪。公司的老板是一个忙碌的人，对事业有很多担心，他对于我工作的一些评论通常会让我感到伤心（天性和教育让我变得过分敏感）。但是，今天，我觉得不能让任何事情影响自己的好情绪，所以，我开心地回应了老板。他的眉头舒展开了。这是另一个不错的效果。一天过去了，我没有让任何乌云遮蔽那天的美丽，影响那天的心情。回到家里，我继续这样做，之前家人让我感到疏远、缺少关爱，而那天，我却感到温馨美好。我乐观的情绪毫无疑问地感染了其他人。

"所以，姐妹们，如果你认为世界亏待了你，不要迟疑，告诉自己：我要保持年轻，不要白头发；即使不顺利，我也要为别人而生活，我要把阳光分给遇到的每一个人；我会找到幸福，它会像花儿一样开在我身旁；我不会缺少朋友。最重要的是，我会得到心灵的平静。"

世界充满了痛苦、悲伤和疾病。它需要更多的阳光。它需要快乐的生命不断辐射快乐因子。它需要鼓励者，激励人们前进，而不是打击他们。

乐观的人无论走到哪里都散播快乐，而不是沉闷悲伤。谁能估计他们带来的价值？每个人都喜欢快乐的脸庞和开朗的人，排斥沉闷、忧郁、易于伤感的人。一些人走到哪里就会把快乐带到哪里，我们羡慕这些人，他们周身的每一个毛孔都辐射快乐的能量。这样的性格远比钱财、房子、土地更有价值。乐观开朗是比美丽更强大的力量，它比智力水平更重要。

啊，乐观是人生的一笔财富！父母给我们最珍贵的遗产不是物质财富，而是乐观的性格。这样的人无论走到哪里都能给别人带来阳光，粉碎黑暗，让悲伤的心快乐起来，让绝望的人得到希望。如果更幸运一点，我们同时还能继承温文尔雅的态度，那么，一切物质财富都不能与此相比。

　　这笔宝贵的财富并不难获得，灿烂的微笑是温暖、宽容的内心在外表上的反映。阳光不是首先浮现在面容上，它首先产生于灵魂。由于感受到了灵魂的一小簇阳光，微笑让面容美丽动人。

　　对你遇见的每一个人产生兴趣，认识他们的内心深处，而不仅仅停留在表面，用善意对待每一个人，你就可以获得这个价值不可估量的礼物。只有善良的人才能发现别人的优点和高尚。没有什么比这种品质更能让一个人感到轻松自在、幸福快乐和自我满足了。

　　开朗的人让一切接触到他的人远离忧伤、郁闷和焦虑，因为阳光可以赶走黑暗。有一间屋子，那里，人们的谈话陷入了僵局，气氛沉闷。乐观的人走了进来，沉闷的气氛马上一扫而光，就像暴雨过后，太阳拨开了浓密的黑云。每一个人都从乐观的人那里获得了快乐的能量，感到精神振奋。谈话得以继续进行，并逐渐明朗化。屋子里充满了快乐的气氛。

　　世界上没有什么东西比帮助别人更让人快乐了，帮助别人就像培养乐观的性格一样重要，你的生意、工作和人际关系都会因此受益。你不必寻找生意，它会自己送上门来。朋友会越来越多。社会将向你敞开大门。乐观的性格像一笔储备基金，它能吸引生活中一切美好的事物。

　　如果可以的话，强迫你自己养成这样的习惯：看到别人最好的一面，发现别人的优点，吸收别人的优点，并将它发扬光大。不要总看到别人的缺点、恶劣的品质，而要看到别人的闪光点。瑞斯金说："不要总记着自己的缺点，更不要对别人的缺点斤斤计较。在每一个靠近你的人身上寻找优点。珍视那些优点，尽力学习，那么，你的缺点会像落叶一样，时间到了，自然离去。"

如果你已经下定决心，不再说别人的坏话，在没有发现别人的好处，看到他们最好的一面之前，也不对他们的缺点说三道四，那么，你的生活将会大不相同。你不久就会发现，生活变得平静而充满乐趣。如果你总能看到事物的光明面，那么，在你生活中，麻烦的事情会越来越少，即使是麻烦的事情也能转化成好事。你因生气而扭曲的面容和恶毒的话语只不过是一个丑陋的面具，遮住了真实、健康、快乐的自己，现在，你可以将它抛弃。你可以得到人生中的一切好运。

"抓住阳光，不要让黑暗的恶浪将你吞没，暗自神伤！
生活的海洋充满了疾风巨浪，
我们必须经历。
穿越它们！不要迟疑。
越过汹涌的浪涛，
阳光在彼岸闪耀。"
"说高兴的事情。世界充满了悲伤。
如果没有你的苦难。崎岖的道路就会平坦一些。
寻找坦荡干净的地方，
谈一谈那块净土，让疲惫的耳朵小憩片刻。
因为它们听了太多人世间的苦难和悲伤。"

——爱拉·惠勒·威尔科克斯

10

消极的信条让人生瘫痪

> 我们不应该否定自己的能力。我们努力将不愉快的记忆从大脑中抹去，否定自己却让我们想起这些记忆——我们虽然只是口头上说说，但是，却是在暗示自己：你真的不行。

——艾格尼丝·普洛特

消极的人不会取得成功。消极的态度对于人生没有任何价值，只会毁灭人生，让一个人走上穷途末路。消极是成功的死对头。如果一个人经常抱怨一切东西，抱怨时事艰难，生意惨淡，疾病缠身，生活贫苦（虽然实际情况并不是这样），那么，他就会真的把痛苦和不幸引到自己身边，而且，他之前所有的努力都白费了。

有的人总是产生消极的想法，使用消极的语言，这样的人永远也不会产生有建设性的想法，因为他们缺少正面和积极的态度。消极、毁灭性的气氛中不能孕育出创造性的想法，重大的成功也不可能产生于这种气氛中。所以，消极的人总是在走下坡路，成为失败者。他们对一切事物不能有正确的评价，不能肯定自己的能力，他们随波逐流，不能前进。

年轻的朋友，如果沉溺其中，消极的态度会让你失去壮志雄心。它像一剂毒药，危害你的生活。它让你软弱无力。它让你失去信心，让你成为它的牺牲品。自信心让你有勇气去做一件事情。无论做什么，如果你认为自己不行，那么你一定不能成功。你必须先在意识里确定自己可以掌握它，才能在实际中成为它的主人。意识先于行动。意识里的成功先于实际中的成功。

世界上没有什么科学能够把一件事物带给你，如果你的意识在排斥它，如果怀疑还停留在你的意识里。没有人可以超越他自己设定的界限。希望在世界上有所建树的人一定要先学会去除头脑中的界限。他必须把所有消极的建议丢弃在风里。他必须有企图心，才能获得成功。他必须持续不断确定地告诉自己，他希望完成什么，想成为什么样的人。

假设一个孩子早上起床时告诉自己："我起不来，我起不来；努力有什么用呢？"肯定的，他一定起不来了，直到他认为自己可以起来，直到他有信心从床上起来。

一个孩子如果总是告诉自己："我做不到。努力也没用，我知道自己做不到。其他人也许可以做到，但是我知道自己做不到。"那么，我们还能期望他有什么成就呢？如果这个孩子认为自己学不会功课，解决不了难题，考不上大学，那么，事实上，他确是做不到这些事情。不久，他就会成为"不行"的受害者。他成了"否定"的奴隶。"我不行"成了他的生活习惯。所有的自尊、自信、对于自己能力的正确评价都被毁灭了。他的成就不能超过他的意识。

这里还有一个孩子，我们可以把二者做个比较。这个孩子经常说："我可以。"无论面对什么阻碍，他都会说："我会把承担的事情完成。"这种持续不断对于自己的肯定增加了他的自信心，让他有更大的力量前进。他最终会成功。

如果一个律师总想着转行去做药剂师或者工程师，那么，他不可能在律师界出人头地。他必须把心思放在法律上，他必须努力学习，彻底掌握它的理论。不专心于所做的事情，总想着截然不同的东西，却希望在这个领域获得伟大的成功，这种做法是非常不科学的。希望自己坚强、聪明，却总是承认或觉得自己懦弱、经常犯错，这种人不是比傻瓜更愚蠢，甚至可笑吗？

只要你认为自己有任何缺陷—智力上的，精神上的或者身体上的，你就会比你本应达到的成就落后一些；你无法达到你的目标，或者标准。

只要你允许消极的、毁灭性的想法存在于自己的大脑，你就会一事无成，成为一个弱者。

一些人因为秉持着消极、失败的想法，人生过得十分坎坷。一个女孩希望在外表上和性格上追求至高的美丽，但是她却怀着最丑陋的信念，认为自己面目可憎，这显然是不明智的。如果她希望变得美丽，她就要坚定地秉持美丽的信念，并且尽一切可能达到美丽的标准；保持美丽的信念不仅可以让外表美丽迷人，而且会让精神世界也同样美丽；但是，如果她认为自己面貌丑陋，并为此而伤心，那么，她永远也不会获得美丽。

看到聪明的年轻人因为怀着错误的信念，认为自己无能或有缺陷而裹足不前是多么让人心痛啊。把这些恶魔、这些虚幻的想法、这些阻碍你成功和幸福的敌人从意识里永远赶出去。从绝望和沮丧的深谷里爬出来，离开污染你周围空气的瘴气，把让你窒息多年的恶臭消除干净，呼吸干净、清新的空气，然后，你将会开始在生活中有所成就，成为有地位的人。

如果人们可以尽快意识到消极、失败的想法带来的恶劣影响，而不是等到自己的标准被降低到平庸的等级时才意识到这一点，他们就不会住在失败的深谷，或者生命的地下室里了。

如果一个人被贫穷的想法囚禁、奴役，确信自己不能摆脱贫困，命途不幸，永远也赚不到和别人一样多的钱，那么，他怎么可能获得自由、富裕和幸福呢？

一个人如果对自己的能力没有信心，认为机会总是青睐他人，从来不会降临到自己身上，他怎么会为了前途而努力呢？如果他总是怀着这种失败的想法，他就不会坚持努力，摆脱这种状况。他不相信自己能冲破这些阻碍。他找不到重获自信的方法，他不知道自己应该何去何从。于是，他仍然脑袋里想着贫困，嘴里说着贫困，依照贫困的准则行事，做梦也梦到贫困，并且总是奇怪，为什么自己那么不幸。

他把自己做成了一个极性错误的磁铁，排斥所有引导成功的品质，只会吸引失败。对于那些可以使他摆脱困境的力量，这块磁铁没有丝毫吸引力。

很多人自认为疾病缠身，度过了多少艰难的岁月。如果他们不摆脱"我身体不好"这种想法，那么，他们永远也不能获得健康。如果一个人坚信自己身体有病，他就会真的生病。

例如，你坚信自己携带了一些可怕疾病的基因，比如癌症，并且你的医生也告诉你，过了 40 岁以后，这些疾病就会显现出来，你就会一直在自己身上寻找这些疾病的症状。这种行为会使身体上普通的疼痛发展为溃疡。

有一个娇弱的女孩经常患感冒，从小，别人就告诉她，要多加注意，她可能从母亲那里继承了肺痨的基因，她的母亲就死于肺痨。这个恐怖的前景让她害怕不已，恐惧感折磨着这个年轻的生命，让她不能健康、快乐地成长。

总是想着这些事情会让女孩丧失食欲，消化功能受损，不能吸收营养，直到她变得瘦骨嶙峋。如果这还不够使女孩沮丧，人们大可告诉她，她看起来有多糟糕，她越来越瘦，真的形销骨立。他们经常说："要小心，你母亲只是因为得了感冒就去世了。"他们让女孩吃鱼肝油和补药，但是，女孩的意识告诉自己："我身体很弱，很可能会死于肺痨。"那么，吃再多这些东西也于事无补。这些人残忍地剥夺了女孩的生存权利。事实上，上帝已经赋予每个人保护自己最强大的力量了。他们破坏了女孩美丽的信念："上帝的手臂保护着我，我是上帝的子女，所以上帝会保护我，没有什么可以改变这个事实。"因为这种恐惧感被反复灌输到孩子的头脑中，产生了十分消极的影响，很多美丽的生命被扼杀了。

很多人被这种可怕的画面折磨一生，想象着自己被残酷的命运击倒，染上了可怕的疾病，祖先犯过的罪在自己身上得到了报应。这就像把一个孩子送进监狱或绞架，因为他的父亲犯了抢劫或者谋杀罪。我们越早让年轻人摆脱这种糟糕的想法，世界就会变得越好。阳光造成阴影，爱滋生恨，和谐中蕴含着不和谐，这是事实。但是，总是秉持这种想法不仅是有害的，而且是荒谬可笑的。造物主不允许我们用这种方法毁灭自己的人生和前程。这些可怕的画面不是上帝创造的，是人类的"艺术家"创造的，它们不是上帝的旨意。上帝真实的旨意是：不论遇到多少困难，我们都有无限的力量去克服它们。

肯定的力量

> 自我肯定是对于真相的描述，可以成为指导人生的力量。
>
> ——格林·希尔

只有相信自己可以做到的人才能做到！坚定的人嘲笑障碍，即使它们可以阻挡别人；坚定的人嘲笑绊脚石，即使它们可以让别人摔跤，世界也向坚定的人屈服。爱默生所说的"想把车开到星星上"的人比跟随蜗牛的足迹前进的人更容易获得成功。

自信心是成功之父。它肯定你的能力，让你的精力加倍，让你更聪明、更强大。

只有坚定的信念、果断的决定和有力的自信心才会将你的想法转化为现实。没有这些，你的想法永远只会停留在脑袋里，你的工作也会是徒劳的。有些人没有坚定、深入的信念，他们只停留在表面，很容易被其他人的想法左右。假如他们决定了一件事，他们的决定是那么肤浅，以至于第一个障碍就将他们打败了。他们总是任由对手或者意见不同的人宰割。这种人反复无常，不可依靠。他们优柔寡断，没有决心。

如果一个人没有决心，他还能做什么？如果他的信念很肤浅，没有坚持的原则，没有什么人会对他有信心。就他个人来说，他可能是一个好人，但是，他不能让人依靠。如果有重要、紧急的事情发生，没有人会询问他的意见。如果一个人没有坚定的信念，他会一事无成。只有具有根深蒂固的信念、对自己的决定坚定执行的人才可以让人依靠。他是有影响力的人、举足轻重的人，他的意见可以压倒反对的声音。

如果年轻人知道肯定的力量，如果他们养成肯定自己的习惯，时刻告诉自己，"我就是自己想成为的那种人"，那么，他们无论做什么都会成功，他们的生活会发生巨大的变化，他们可以摆脱许多疾病和麻烦，他们可以登上梦想不可到达的高度。

我们经常谈到意志的力量。它是肯定的另一种表现形式。意志，对于一件事情的决心，和肯定自己的能力是一样的。如果一个人不能给予自己肯定，不相信自己可以通过这条或那条途径完成任务，那么他就不可能做成任何事。如果一个人有决心完成任务，认为自己和面前的障碍一样难对付，认为自己很适应当前的环境，那么，什么也不能阻碍他。总是肯定自己成功的能力，肯定自己有决心做这件事，这种肯定会带领我们越过困难，藐视障碍，嘲笑不幸，增强我们的成功的力量。这种肯定让我们全身心地投入，调动所有的力量，完成任务。

坚持肯定自己可以增加我们的勇气，勇气让我们有自信心。更进一步，如果一个人陷入了困境，但是，他却告诉自己"我一定要"，"我可以"，"我将会"，那么他不仅增加了战胜困难的勇气和自信心，而且削弱了消极、不良的情绪。增加积极的因素无疑会削弱消极的因素。

只有正面肯定自己才能战胜困难，千万不要有消极情绪。增加力量而不是减去它，这样才能成事。我们把积极、确定、进取叫作正面品质，它们需要思想的配合，才能发挥效用。一个没有正面品质的人是不能成为领袖人物或独立自主的。他只能是一个跟随者、一个模仿者，直到他把消极的想法变成积极的想法，从怀疑变成确定，从退缩变成进取。果断、积极的人才会取得成功。

如果你想干成一番事业，千万不要让"我运气差，别人都比我运气好"这种想法进入你的思想，哪怕一刻钟也不行。用所有的力量排斥这种想法。约束你自己，绝对不要认为自己懦弱，不要总想着自己在智力、身体或精神上的缺陷。你不是一个弱者，别人做到的事情你也可以做到，你并不是天生有缺陷，必须处在一个卑微的位置。如果你对自己的能力有怀疑，并且

这种怀疑已经威胁到了你的生活，将它扼杀掉。对于你贫穷或者不幸的处境，不要过多地去谈、去想、去写。将那些限制从自己的生活中驱逐出去，那些阻碍、懦弱和黑暗，它们是恐惧的魔鬼，它们不是被造物主创造出来的。造物主不会刻意创造这些东西，让它们去危害我们，折磨我们。造物主创造了你，是为了让你享受快乐的生活，战胜生活中的一切困难。

要坚信，造物主对众生是平等的，是我们对自己设限了。如果去除这些限制，我们会成为乐观者，你不会对什么事情感到悲观，你会相信真理和高尚最后一定会取得成功。肯定你自己，你是世界上最幸运的人之一。祝贺你自己，你出生在最美好的时代，最合适的地方；有重要的事情等着你去做，没有什么人可以取代你；你是值得羡慕的，因为机会青睐你，你接受过很好的教育，你有重要的使命等待你去完成。

如果你暂时没有工作，日子过得穷困潦倒，你也不要每天为此担忧。坚定这样的想法，你会很富有，你会得到世界上所有美妙的东西，因为造物主是这样承诺你的。坚定地否认你的贫穷、你的不幸；坚定地认为自己是幸运的，自己生活得很好，身体健康，精力充沛。坚信自己一定要成功，一定会成功。要相信，既然造物主给了你承诺，保证你会取得成功，会在世界上干出一番事业，那么，他也一定赋予了你这样的机会和能力去实现你的壮志雄心。

如果你坚信自己会取得成功，周围的一切都会向你昭示成功的迹象。让你的行为、你的着装、你的谈吐、你做的一切事情都像一个成功的人吧。保持成功的理念，无论走到哪里，都像一个成功人士那样生活。

每天早上醒来的时候，在大脑里这样告诉自己，我会成功，我会有美好的前途，我会过着幸福的生活，不久你就会惊喜地发现这样做的好处了。相反的，如果你每天早上都怀着消极的想法去工作，这一天会变得无比艰难。在某件事情上，如果你很容易怀疑自己的能力，坚持这样的想法：我相信自己会成功。这种意念的力量、对自己的信心是十分坚定有力的，它不容易被动摇，它会让你变得坚强，让你有力量，轻松地完成任务。

坚定地保持这样的想法，你会发现整个人生大不相同。对于难解的问题，你会豁然开朗，生活被赋予了崭新的意义。自我肯定会让你和周围的环境和谐共处，它会让你快乐、对自己满意，它是让你身体健康的一剂大补药。它会帮助你建立人格的力量。它会让你的大脑更清醒，让你的工作效率更高。保持头脑的清醒有助于积极的思考，做出正确的决定。

如果你的性格有缺陷，坚持自我肯定可以帮助你改善性格。如果有什么事情是让你恐惧的（大多数人都有害怕的事情），坚持告诉自己："我无所畏惧，我充满勇气，没有什么东西可以伤害我。"通过这种自我暗示，你就会有足够的勇气面对一切。其实，害怕只是人类对于危险的一种反应，如果你对自己有信心，相信自己会化险为夷，就没有什么事情会让你恐惧。如果你相信恐惧感只是一种虚幻的错觉，你就会逐渐消除恐惧，获得勇气。

　　每次你感到恐惧侵袭的时候，告诉自己："我一点也不害怕，没什么好害怕的，恐惧感是错觉，它不是真实存在的。因为不知道事情的起因，缺乏信心，所以我才感到害怕。"爱默生知道这种哲学，他说："用不断的自我肯定激励自己。不要指责糟糕的东西，歌颂美好事物的美丽。"

　　对于任何事情，如果你不希望它成为现实，一定不要总在脑子里想它。对于那些让你沮丧、不快乐的想法，尽量避免它们，就像躲避那些身体上的疾病一样。如果你不快乐，认为自己懦弱或者不幸，不要让这种想法占据你的大脑，用快乐、充满希望、乐观的想法代替它们。当感到慌乱、沮丧、失去信心的时候，如果你学会多想想高兴的事情，用这些事情让自己开心，你就会惊奇地看到，自己的整体思维快速地转变了，如果思维转变了，情绪也会跟随变化。你会增加勇气和自信心，这只是成果的一半。不久，你就会发现自己的生活环境也发生了变化。希望会照亮你的生活，你的前途会更好。各种各样的想法不再让你感到沮丧，而是会不断激发你的勇气，很快，光明就冲破黑暗。

　　如果你能够坚定、积极地肯定自己，如果你可以确定一个目标，全身心投入，你的梦想，你长期以来渴望的一切都会近在咫尺。因为你专心的追求，你希望得到的事物会来到你的身边，不管它是健康、金钱或者地位。坚持你所追求的，时刻把它放在心上，关注它，如果你的想法足够积极和富于创造性，你所希望的东西一定会到来，就像做自由落体运动的石头一定会落到地上一样。把自己做成一块磁铁，吸引一切你想要的。

思维的影响力

> 凝视同伴的脸，看着他们的眼睛，那里面闪耀着善良的光，或者愤怒的火舌。不自觉地，你平静的心会跟随他们的情绪而波动，人类的心会相互影响，直到汇合在一起（包容爱，或者产生恨）。所以，美德也会从一个人心里走到另一个人心里。
>
> ——卡莱尔

我们的行为反映我们的思想，但是，我们的行为并不能完全反映思想。思想不是奴隶，被囚禁在大脑里或身体里。思想有强大的影响力，它们随时会从我们的头脑中飞出来，让我们痛苦或者幸运。

"天才或者虔诚者的每一个想法都改变着世界。"爱默生说。这里的思想并不是记载在书里的思想，也不是布道或演讲传播的思想，甚至思想者没有把它说出来。我们最秘密、没有表露过的想法也会改变世界，改变我们周围的人。

每个人的周围都有一个独特的"气场"，这个"气场"是他性格、野心、愿望的综合体现，是由控制他所有行为的思想决定的。每一个接触到他的人都会感受到这个"气场"。他的思想会渗透到每一个自发的行为中。

别人对你的评价并不是依据你刻意表现出来的那一面。不要自欺欺人地认为可以通过自吹自擂建立自己的形象，或者通过刻意地展现某些方面让别人对你有一个好评价。你头脑中真实的自己是怎样的，别人对你的印象也就是这样的。你的思想可以改变别人对你的印象，或者让你的形象更加确定。别人可以感受到你的思想，不管它是强是弱，不管它是干净、高尚的，还是低下、粗俗的，你的思想有一种无声的辐射，让别人认识真正的你，他们根据这种辐射形成对你的评价。事实上，这种无声的评价是十分坚固的，甚至你自己不承认都不能改变它。就像爱默生所说的那样："虽然你说话这样大声，我什么也听不见。"我们辐射出的这种"气场"确实反映了真实的自己。我们不具有的东西不会在这个"气场"中出现。我们不管如何假装都没用。人们认识到的总是真实的我们，不是装出来的。

通过分析别人对我们的影响，我们可以知道我们对别人产生的影响。通过别人对我们的态度，我们可以知道谁是真正的朋友。我们知道，无论自己犯了什么错误，真正的朋友都可以宽容大度地对待我们。不知不觉中，我们就了解真正的朋友是谁了。

表面上，一些人对我们和蔼可亲，关怀备至，但是，实际上，他们对我们心有不满，恶毒刻薄，如果他们表里不一，我们一定会洞察到他们的本来面目。虽然他们想欺骗我们，但是，我们清楚地知道他们是怎样的人。

我们经常听到："我受不了那个人了，他太假了。"虽然那个有问题的人尽全力给别人留下好印象，还认为自己很成功。

在家里、在办公室、在任何人际关系中，思想的辐射力起到了重要的作用。你的任何努力都没有这种力量有效。

短短的一天中，如果我们在别人阳光明媚的生活中投下了阴影，让快乐的人郁闷，让他们的希望破灭，让有所追求的人失去动力，我们的罪孽是多么深重啊。即使在之后的很多年里，我们也不能赎清这个罪过。如果我们可以生动地看到人生的全景图，看到剩余岁月的景象，我们会无比震惊，那些对别人的伤害，恶意的讽刺，残酷的嘲笑，刻薄的批评，嫉妒的想法，怨恨、愤怒、复仇的想法都会从我们的头脑中抹去，中止他们致命的任务。

一个悲观的人经常感到沉闷、忧郁、沮丧，并且，这种情绪会影响到他周围的人，让气氛变得沉重、压抑和悲伤。这种气氛中不能孕育出成功和幸福。希望不能居住在这种气氛中，快乐逃之夭夭。在这种气氛中，没有孩子会感到愉快。笑声被抑制了，甜美、快乐的面容变得愁云密布。在这种气氛中，生活将不能继续下去。如果悲观的人离开了我们，我们会多么释怀啊！

一些人的出现会让我们不自觉地变得刻薄、生气。他们唤起了我们恶毒的本性，甚至我们自己都没有意识到它的存在，它让我们鄙视自己。婚姻通常会让人们的本性暴露出来，而在结婚前，男女双方都意识不到对方的缺点。

一些人的出现会造成有害的气氛，毒害旁边的每一个人。不管我们以前是多么宽容大度的人，这种人一旦接近我们，我们就会精神萎靡，把自己封闭起来，我们和这种人之间没有互动，我们不喜欢这种人，直到他们离开。就像是河蚌遇到了危险，我们把自己紧紧地关起来，直到危险消失。我们和这种人在一起的时候好像变了一个人。我们努力和他们搞好关系，但是一切都如此勉强，我们不能和他们和谐共处。我们很容易陷入黑暗，直到他们离开，之后，我们才会如释重负，重新变回自己。

有些人的行为像振奋人心的药剂和使人清醒的微风。他们使我们感到如获新生。他们的出现会激发我们的灵感，让我们的感官变得敏锐，让我们变得更有智慧，打开我们语言和感觉的防洪闸，唤醒我们心中的诗意。

他们的人格魅力感染到了我们，让我们得到了众多的好处，而我们也时时刻刻这样影响着别人。我们的想法、感觉、变化的情感和坚定的信仰也会影响他人。在我们与别人的每一封信件，每一次谈话中，在我们的行为中和生活中，我们都在不断告诉别人：我最想要什么，我想成为什么样的人。情绪是有感染力的，接近我们的人很快会感受到我们的情绪，或者自己也陷入这种情绪之中。如果我们的心灵十分和谐平静、坚强健康，无论我们去哪里，都会创造和谐宁静。

相反的，如果你总是疑神疑鬼，如果你总是没有勇气，没有信心，你的言谈中就会流露消极的态度。如果一个人自己没有自尊、自信，总是害怕失败，他怎么帮助周围的人建立自信心呢？如果你刻薄易怒，报复心理强，爱嫉妒，你会把这些观念传递给别人。

如果你十分自私，你就会把自私的恶习传播给别人。周围的人都会感受到你的吝啬，他们会依此来评判你。

如果你是一个小气鬼，如果你性格贪婪，你就不能摆脱它的阴影，但是，你必须为自己的目标付出代价。如果你自私吝啬，你就不会表现出慷慨。如果你的思想态度吓退了生活中的一切美好事物，如果你的思想总是负面的，你就不会将正面的东西带给世界。如果你的思想像落叶一样枯萎，像北风一样刺骨，你也会散发出这样的气质。你所追求的和你所渴望的，不管是金钱、名誉或者真正对别人有帮助的东西，都会决定你辐射出来的性格。

现在，你明白了人与人之间交流的内容只是由思想决定的，学会控制自己的思想吧，让它变得干净、纯洁、真实，而不是肮脏、忧郁、怀疑，做到这一点是多么重要啊。

如果主人认为佣人不诚实，并一直把这个想法放在脑子里，那么，佣人就真的会变得狡诈。有些人天生爱疑神疑鬼，他们的想法传染到了其他人，并在那里生根发芽，结出了偷盗的果实。

在你真正证明一个人的清白之前，如果你一直怀疑他，这是残酷的，对他不公平的。其他人的思维是神圣的，你没有权利侵入他们的大脑，用你肮脏和疑神疑鬼的思想污染那里。你应该把自己邪恶的思想留在家里，但是，因为这是不可能的，所以你不应该纵容它们的存在，更不应该有犯罪的思想。很多人长期以来的生活痛苦不幸、压抑沮丧，他们被周围那些邪恶的人打垮了。

很多人不管走到哪里都散播错误的思想，他们将恐惧感、怀疑的态度、失败的想法播种到别人的大脑里，让它们在那里生根，让本来快乐、充满自信、成功的人无法脱离它们的束缚。

如果你对别人有恶意，有不健康的思想，有致命的思想，你一定是头脑中出了问题。你应该马上大叫：

"停住！赶快改正！"面朝阳光，告诉自己：如果你不能对世界有所贡献，至少不要散播有毒的种子、仇恨和恶意的毒液。

对待别人，总是保持着善意、慷慨、博爱的思想，这样，你就不会让他们感到压抑或者阻碍他们成功，你会撒播阳光和快乐，而不是阴影和悲伤，帮助鼓励他们，而不是让他们失去勇气。

成为一个具有成功思想的人，乐于助人，传播快乐，让别人因你的存在而振奋、受益，无论走到哪里都播撒阳光。这些人是让世界变得更美好的人，是帮助别人减轻负担的人，是让生活变得平顺的人，他们为受伤的人抚平创伤，为沮丧的人带来安慰。

学会做一个散播快乐的人，不要吝啬，不要刻薄，做一个慷慨的人。毫无保留地把快乐分给别人。把快乐带到每一个地方，带到家里，带到街上，带到车里，带到商店里，就像玫瑰绽放美丽，传播花香那样。

爱像一剂良药，它可以抚平创伤；美丽、和谐、诚实的思想可以让人振奋、高尚，让世界美丽；相反的思想带来死亡、毁灭，所及之处，让一切枯萎。当一个人认识到这一点，他就会知道正确生活的秘密了。

带来成功的信念

> 能够肯定自己的人，
> 可以安静地等待。
> 虽然面前很多障碍，
> 他的目标终将实现。
>
> ——伦·维尔曼斯

　　一个强壮的人如果被催眠，让他相信自己不能从椅子上站起来，他就确实没有力量这样做，直到诅咒被解除。一个瘦弱的女性被"拯救生命"的信念驱使，她可以把比自己的体重重很多的人从火海或者洪水中搬运出来。在这两例事件中，虽然都需要有力的肌肉，但是，却是精神力量起到了关键性的作用，而不是肉体的力量。对于那些部分需要或完全需要精神活动完成的任务，比如各种竞赛，决定能力和精神态度则会更加重要。世界的征服者，无论是在硝烟滚滚的商界，还是精神领域，都是依靠思维态度决定胜利的人。

我希望可以让年轻人深切地领悟到：正确的思维有强大的力量，能够带给你成功。意识到我们体内巨大的潜能，相信自己一定能够取得成功，认识到如果自己失败、让造物主感到失望是一种罪恶，那么，我们的生活会发生革命性变化，我们生命中的疾病和麻烦会烟消云散。

世界上有很多悲剧性的失败、痛苦和贫穷的人生，没有充分发挥自己的能力、不去脚踏实地地做是导致这些不幸的原因，有些人对自己设限，认为自己不能够战胜恶劣的环境，他们是环境的牺牲品，这些观念则削弱或损害了他们的能力。这样的观念是不正常的，它会导致不正常的后果。人具有与生俱来的力量，可以主宰自己的生活，但是，他却选择了懦弱、对自己设限。他宣布贫穷、苦难、奴役是自己的生活状况，却抛弃了富裕、幸福和自由。如果一个人否认自己的能力，他怎么能够有所成就？存在让一个认为自己做不到的人做到的方法吗？存在让一个想着、说着失败的人获得成功的科学吗？在同一时刻，人不可能向相反的两个方向运动，怀疑让我们左右摇摆。在你把"厄运"、"做不到"和"怀疑"这些词从你的词典中抹去之前，你永远也不能有所成就。总是怀着身体虚弱的想法，你不可能获得健康；总是为自己的苦难和不幸烦恼，你不可能获得幸福。

一个人也许总是思考和谈论自己糟糕的健康状况，

说他自己从来也不敢奢求强壮，但是，他仍然希望健康强壮；一个人也许总是怀疑自己不能完成任务，但是，他仍然希望自己有足够的能力和精力把事情做好。没有什么比经常承认自己的懦弱、怀疑自己的能力更能摧毁我们的智力了，这样做让我们无法有效率地思考。

大多数人的失败是因为在一开始他们就怀疑自己的能力。年轻人在事业的开始就允许"怀疑"进入自己的思想，他就是让敌人住进了自己的阵营，让一个会背叛自己的间谍成了自己的朋友。"怀疑"是失败家族的一分子，一旦让怀疑进入了你的思想，不把它排除掉，你就会成为"慢慢来先生"、"松懈先生"、"当不好办时就放弃先生"、"等待先生"和其他一些失败的人。当这些进入你的思想，它们会让你失去好的品质，让你失去雄心。当你满足于做一个碌碌无为的人、一个失败者时，你对美好前途和成就的期盼就都是徒劳的了。它们会耗尽你的精力，让你没有力量追逐成功。失败很快会占据你的思想，进入你的行为。

在你承认自己懦弱无能的时候，在你承认自己失败的时候，你就完了。失去动力、放弃努力、什么事情都做不成的人是没有希望的。世界上最应该被鄙视的是这样的人，他们驻足不前，放弃了努力，他们说，"我做不到"，"没有用"，"所有人和事都在和我作对"，"我失败纯粹是因为运气不好"。如果你总是认为自己是失败者，站不起来了，成功是别人的，和自己无缘，那么，你就会成为一个真正的失败者，让所有的希望离你而去。如果你总是告诉别人自己的运气不好，你怎么会获得好运气？只要你认为自己是一个可怜虫，你就会真的变成那样。你不能超越自己的思想，你认为自己是什么样的人，你就是什么样的人。如果你真的认为自己不幸福、不幸运、生活痛苦，这些就都会成为现实。世界上没有什么药品或者伟人能够解救你，除非你转变了自己的思想。思想的转变可以带来实质性的转变，就像阳光和雨露让玫瑰花蕾绽放一样。这没有什么神秘的，这是符合科学事实的。

做成大事的人都有坚定的信念。他们身上蕴含着强大的积极力量，他们不知道什么叫作消极。他们对于所做的事情如此坚定，他们对于自己的能力如此肯定，没有什么可以阻止他们。当他们决定要做一件事情的时候，他们理所当然地认为自己可以成功。不管别人如何嘲笑他们，把他们叫作"偏执狂"，他们都丝毫没有怀疑和恐惧。事实上，所有成就大事的人都被叫做过"偏执狂"。他们被称为"头脑里有轮子的人"，这些人对自己充满信心，对自己的事业有坚定的信念，没有什么可以动摇他们。如果没有这些人，我们就没有现代光辉灿烂的文明。一切推动历史前进的事情都离不开他们。

如果哥白尼和伽利略被叫作疯子和怪人的时候，他们就放弃了，世界会变成怎样呢？今天的科学都是建立在他们不可动摇的自信心之上的，他们坚定地认为，地球绕着太阳转，地球是中心的说法是错误的。想象一下，当整个欧洲嘲笑哥伦布是疯子的时候，他就放弃了，今天会是怎样？想象一下，赛勒斯·W.菲尔德花费了很多年时间丈量大海，仍然一无所获，如果这个时候，他放弃了这项工程，什么时候电缆会铺满大洋底部！他的亲戚说他在浪费钱财，迟早会困顿而终，想象一下，如果他听取了亲戚的建议会怎么样！想象一下，当有人出书，证明一艘船不可能装载足够的煤使它穿越大洋，福尔顿就放弃了自己的努力会是怎样！但是，他却看到了蒸汽船装载着那本书穿越了大洋。想象一下，当亚历山大·贝尔为了研究电话的雏形，花掉了自己的最后一分钱的时候，当他被其他人叫作怪人的时候，如果他对自己失去了信心会是怎样！

　　当贫穷、默默无闻的萨伏那洛拉来到佛罗伦萨的时候，他看到了穷人贫穷苦难的生活，与之相伴的是一些人的暴富与对金钱的崇拜——他立刻认识到，人们的生活水平应该得到提高。虽然经常有人向他行贿，但是，他从来不为金钱所动。他时刻牢记着自己的使命。当时，美第奇集团掌握了佛罗伦萨的政权，集财富与权力于一身的亚历山大六世是至高无上的教皇。严峻的形势并没有让红色革命者失去勇气，胜利的概率微乎其微，但是他坚信正义终将胜利。终于，他推翻了

美第奇政权，建立了理想的国度，在那里，正义压倒一切。萨伏那洛拉是教会的烈士，他通过宗教改革宣传了崇高的理想。

当沃尔夫被议会提名，被告知他被选举出来，将要领导加拿大的英国人时，他被问道："你可以结束这场战争吗？"沃尔夫当场拔出宝剑，将它直刺进桌子，他是如此的信心坚定，议会对此极为反感，甚至后悔了自己的决定。但是，当年轻的沃尔夫将自己的军队带到亚伯拉罕平原时，同样的自信心让他将蒙特卡门带领的法国军队打得溃不成军。

拿破仑、俾斯麦、雨果和其他一些伟大的人都坚信自己的能力，将征服疆土作为自己的信仰，他们的行为招来许多抵抗，甚至嘲笑，但是，这种信心却是非常重要的品质，可以带来成功。它可以将一个普通人的力量加倍，再加倍。同样的信念造就了卢瑟福、韦斯利和萨伏那洛拉。没有崇高的信仰，没有完成使命的信心，娇弱的乡村姑娘贞德怎么能领导和控制一支法国军队呢？没有这种力量，她怎么能带领上千名强壮的男人，好像他们是孩子一样呢？神圣的自信心让她拥有了千万倍的力量，甚至国王都听命于她。

当美国遭受内战威胁的时候，表面上看起来谦逊、不张扬的林肯告诉当政者，如果自己被提名，选上了总统，他就会领导好政府。想一想这个人强烈的自信心吧，他出生于一个破旧的小木屋里，在教育和文化背景上没有任何优势。想一想格兰特强烈的自信心吧，两年以前，他还是一个默默无闻的商人。当他告诉林肯自己可以结束内战的时候，在他的生活圈子之外，几乎没有人认识他。他确实做到了，虽然受到了公众的严厉指责，这种指责几乎没有人可以承受。如果当公众指责林肯和格兰特的时候，他们对自己失去了信心，今天的美国将何去何从呢？

格兰特之前的将军对自己的能力总是有顾虑，但是，格兰特毫不怀疑地相信自己的能力，正是因为这样，他才能完全掌握当时的局势。他知道，只要拥有机会和军队，他就可以战胜敌人。其他人总有或多或少的疑虑，所以只能赢得局部的胜利。

无穷的自信心让杰克逊带领一小支部队在新奥尔良打败了训练有素的英国军队。这样的信念让泰勒将军带领 5000 美国士兵击败了圣塔·安纳的 20000 人的军队。

自信心—绝对相信自己是一种创造性的力量，它会产生建设性的效果，让我们成功，不相信自己是一种毁灭性的力量，让我们失败。

强烈的自信心，消除怀疑和不确定，会奇迹般地让我们更容易集中注意力，因为它排除了让我们分心的东西。它让我们稳健地前进，没有什么会拉后腿，分散我们的精力。

发现者、发明家、革命者、将军都有这种坚定不移的信念，分析失败的例子的时候，我们会发现，大多数人失败的原因是他们不能够完全地相信自己，缺乏成功人士那种强烈的自信心。造物主将密封的信交给一些人，让他们去做伟大的事情，我们不知道谁是这样的人，事实上，不可屈服的自信心就是一个很好的证明，他们就是承担大任的人。如果一个人相信自己的能力，他就一定可以成就一番事业，造物主不会让我们觉得自己可以做到，却不给予我们做到的能力。

　　绝对不要让任何人动摇你的自信心，摧毁你的自主性，因为这是成就大事的根本。如果你失去了它们，你的人生会垮掉；只要你拥有它们，生活就仍然有希望。自信心在重大的任务中是绝对必要的，完全地、坚定地相信你自己，不要丢掉它，即使有时候它让你显得鲁莽。

　　自信心让处于劣势地位的人丢掉恐惧、怀疑和优柔寡断，打倒占据优势地位的敌人，让他们有所成就。如果还有疑虑，思维就不能正常运转。摇摆不定的想法让你的行为也摇摆不定。必须确定下来，否则做什么事都没有效率。无知的人常常会坚定地相信自己，他们的行为也许会让受过高等教育的人感到羞耻。这些拥有更多文化知识、视野更加开阔的人常常多了几分敏感，少了几分自信心，因为他们总是不断衡量相互冲突的理论，不能决定到底应该采用哪一个。他们不会坚定地信仰什么。

无知的人有强烈的自信心，喜欢积极地肯定自己，他们缺乏的是细腻的情感。但是，他们的境遇却比那些敏感的、受过教育的人境遇好很多。他们不懂什么理论，也不知道自己有多无知，所以，他们会对自己的决定专心致志，决不动摇。一个受过教育的人可能会三思而后行，而无知的人却可以勇往直前。

学校的教育通常造成自信心的缺失，怯懦的发展，这是十分不幸的。我认识一些孩子，他们进入大学时候自信满满，认为自己可以宏图大展，但是，毕业的时候，他们的这些想法都消失了。他们变得怯懦胆小，不能对事实作正面的评价，这使孩子失去了决断力。

很多在学问上有很大成就的学者都是低调、胆小、遇事退缩的人，经常完全没有决断力。他们的自信心消失了，取而代之的是自我否定。在某些地方，谦虚、耐心和宽容是他们的优秀品质，但是，十分遗憾，他们不能积极地肯定自己。这些"可爱"的品质让学者们更易与人相处，但是，他们却不能胜任实际工作、取得成功。无论遇到什么，我们都应该保持积极的进取心和果断的决断能力，它是我们事业顺利进行、发展壮大的保证。

自信心对于别人的影响力

> 通过思想的力量，你可以改变命运。如果你有伤害别人的心，你不需要扣动扳机。这种思想足以结出恶果。
>
> ——卡莱尔

　　成功不是仅仅建立在我们真诚的自我肯定和自信心之上，它也和别人对我们的信心有关。但是，这种信心通常是我们自信心的一种反应，是我们的人格作用于别人产生的结果。所以，我们自己的思维态度才是让别人对我们有信心的方法。你真诚地自我肯定是有感染力的。它会影响到你接触的每一个人，特别是必须控制的人。不管你是老师、演说家、律师、售货员、商人，还是普通职员或其他人，别人对你的信心都是十分重要的。自信心对别人具有一种神奇的影响力。如果你具有这种能力，你会看到，它确实可以影响到其他人，增加对你的信心，相信你可以承担重任。这样，你就可以建立起名声和信誉了。

坚信自己可以干出一番事业的人都是积极、强势的人。如果一个人有使命感，认为自己是众人的领袖，他就会自信地说话，辐射出一种威力，让别人感受到他坚定的自信心，从而消除自己的疑惑。人们相信，自信心是一个人可以成功的标志。大家都相信有计划的人，这样的人知道自己要什么，决不动摇，但是会脚踏实地地做事。任何困难都会向这种人低头。缺少自信的人如果想唱反调，他是不可能成功的，他会不由自主地认同有计划的人。有些麻烦会牵绊住缺乏自信的人，让他们泄气，但是，这些麻烦对于有自信心的人来说都不算什么。人类的本性中都有一种惯性，让目前发生的事情保持原样。如果一个人处在优势地位，大家会将他抬举得更高；如果一个人失势了，大家会棒打落水狗。如果一个人对自己缺乏信心，大家也会对他失去信心。

我们会不自觉地尊敬相信自己的人。他不会被别人的嘲笑、闲言碎语和书面攻击压倒。贫穷不会让他失去勇气，不幸不会让他害怕，艰难不会让他偏离自己轨道一丝一毫。不管遇到什么困难，他都紧紧盯着自己的目标，努力前进。坚定的面庞和钢铁般的意志会让一个人在比赛之前就赢了一半。我认识一个人，他无论做什么事情都可以尽善尽美地完成任务，他是一个非常成功的人，因为他从来不犹豫不决，他从来不会怀疑自己的能力。有时候，他的自信心造成了自负，让一些人不喜欢他，但是，这些人最终向他屈服了。当另一些面貌可亲的人还在讨论事情的可行性，怀疑着、摇摆着的时候，这个人已经完成它了。虽然对手不愿意承认，但是他们确实认为这个人有强大的实力。平凡的能力，加上这样的进取心、自信心，会让你在世界上有立足之地，完成比能力过人、但是生性胆小、遇事退缩的人更多的事情。对于教师这个职业来说，有些霸气、勇于把自己的知识传播给学生的老师比学富五车但是不善表达的老师更加成功。这并不是劝恶惩善，通常看起来很不公平，但是，这却是实话，是让别人对你有信心的方法，是让你加强信念的方法。

在每一个行业中，我们都需要别人的帮助。有些人对我们有信心，相信我们可以坚定不移地完成计划，创造出优越的产品，管理好员工，相信我们不会辜负员工和公众对我们的期望。只有这些对我们有信心的人才值得我们依靠。生命太短暂，世界太繁忙，我们来不及细细探究一个人是否有能力承担大任，所以，很大程度上，我们会接受一个人的自我评价，直到他丢弃了自信心。如果一个年轻人打出了律师的招牌，我们就会理所当然地认为他是律师，他可以胜任律师的工作，直到他的所作所为让人失望为止。医生不需要向每一个病人都说明自己学过哪些课程，通过了哪些考试。

所以，承认自己的无能，向任何一个暂时的怀疑屈服，都是在把自己一步一步地推向失败。我们不应该动摇自己的信念，哪怕一刻钟也不行，不管前途看起来有多黑暗。没有什么比怀疑自己更会让自信心毁于一旦了，而且周围的人很快会感觉到这一点。很多人失败了，因为他们呈现出一种沮丧的情绪，并感染到了周围的人。

如果你是老板，你的雇员可以轻易地判断出来，你今天是否是一个工作的征服者，有必胜的信心，还是一个失败者，怀疑自己，陷入绝望。通过你的面容、你的行为，雇员们可以知道你今天会成功还是会失败。

在销售业中，不管是代理业务、贸易业务，还是商店的售货业务，自信心扮演了尤其重要的角色。

在所有这些种类的销售业中，优秀的营销人员可以将顾客"催眠"，对他们施加精神影响。在购买时，大多数顾客都会犹豫不决，有技巧的售货员可以通过很多种方法让犹豫不决的顾客下定决心。他们把可选择的商品种类缩减到两种；他们假设顾客已经决定购买了，抢先一步将货物切割好或者包装起来。学会使用任何一种这样的方法都可以使售货员成为业界的佼佼者。但是，耍这种"小花招"的售货员必须是坚定、果断、自信的人，他们可以让顾客有一种确定感。如果一个经销商让顾客感受到了丝毫的不保险，顾客很有可能会溜之大吉，在那之后，怎样的争论和游说都

是没用的了。

在所有工作中，教师最需要传播正确的精神态度。一个慌乱、焦虑的教师会让班里所有的学生都陷入混乱，对于同样的学生，沉静、稳重的教师可以让他们安安静静，高质量地完成功课。教师必须冲破个人偏见的束缚，平息学生之间的争吵，安抚焦虑的幼小心灵，让羞怯的学生学会在公众场合诵读，让不专心的学生掌握知识。所有这些都是他通过自己的人格力量做到的，是他个人的特点感染到了学生。年轻人很容易感受到别人对自己的感觉；他们知道老师是不是真的关心自己，想帮助自己。如果老师是自私、没有同情心的人，他们很快可以知道这一点。教师的工作是神圣的，天性自私、冷酷的人没有资格胜任这个工作。

塑造性格

大家都有这样的错觉：当一个人有了正确的想法时，他就会幻想自己已经成为完美的人。正确的想法固然很好，但是，不去通过艰苦的努力塑造正确的性格，它们只不过是肥皂泡罢了。

——马扎姆达

一个女青年愿意每天花数小时练习弹钢琴，坚持很多年；一个男青年愿意用很多年时间刻苦钻研一门技术，成为专业领域的专家；一个艺术家愿意花半辈子的时间研究绘画技术；一个作家愿意花很多年时间写一本书，无论在任何情况下，良好的性格都可以让一个人获得精神上的平静、满足感和幸福感，但是，他们却不愿意花时间塑造自己的性格，这是多么奇怪啊！看到一个人将最好的岁月花费在聚敛钱财上是多么让人惋惜啊！每天从早到晚地忙碌，他从来不曾想起花上几分钟的时间去塑造一个健全、平稳、有竞争力的性格。如果拥有这样的性格，无论遇到多大的挫折和不幸，他都不会被打垮，他永远可以保持心灵的平静。

我们大多数人似乎认为，我们可以毫不费力地获得特别珍贵的东西，不需要特殊的训练或者钻研，就像有的时候一些人可以获得大笔的遗产一样。这样幸运的事情可能会发生，但是，我们大多数人需要积极的努力，需要有智慧的人来指导我们。就像赫伯特·斯宾塞所说的那样："铅一样的本性不可能产生金子般的行为。"但是，本性可以被改变；新鲜的枝条可以被嫁接在枕木上；树木可以被培育成新品种，所以，养成金子般的性格，我们自然可以做出金子般的行为。

当植物的幼苗破土而出的时候，它可以被引导，向任何方向生长，可以被塑造成任何我们想要的形状。这种培育对于树木将来的对称和美丽是多么重要啊！如果一个母亲知道怎样培养幼小的孩子，教会他打败所有的敌人，克服恐惧感，消除焦虑感，抛弃沮丧的想法，消灭糟糕的想法，拒绝失败的想法，更重要的是，不要有邪恶的、不道德的想法，那么，母亲的工作是多么的容易啊！

过去，父母知道应该教育孩子养成良好的性格，但是，他们的教育方法是错误的。每天，他们上百次地责骂孩子，说他们有这样那样的缺点，最后，这些缺点被深深地烙印在孩子的意识里，让他们以为自己永远也改不掉这些缺点了，再怎么努力也没用。这种塑造性格的方法就像是一个人努力走向成功却总是认为自己会失败一样。总是想着自己性格中的缺点、自己的罪恶和失败，会让它们变得更难根除。对于负面特征的过多思考让我们与优秀的品质绝缘。因为长时间地研究某种疾病，医学院的学生常常也会表现出那些疾病的症状，有些时候还会真的生病。相似的，如果我们经常思考美好的品质，我们也许可以获得成功或者幸福。通过"嫁接"和美德的潜移默化，我们可以获得最牢固的性格。

教孩子学词汇的时候要注意，一些词汇是真实事件的表述，它们可以在孩子的大脑中留下烙印，让孩子将它们与真实的形象联系在一起。词汇清楚地区别了快乐与悲伤，成功与失败。帮助孩子积累好的词汇是很简单的，有些词勾勒了快乐和积极、光明与和平、舒适与幸福，让孩子们学会这些词汇；丢弃那些不和谐和刺耳的词汇，它们建立起的形象会污染孩子的心灵，让孩子的性格变坏，并最终毁掉他们的生活。

现在，幼儿园引进了一些新游戏，通过这些游戏建立或者唤醒孩子可能缺失的优良品质。例如，"公正游戏"和"勇气游戏"都有独特的作用，让孩子养成正确的性格品质，它们的效果出奇的好。比如，"良好行为游戏"培养了男孩的骑士精神，让他们学会了良好的礼节，游戏让他们一看到女士就会不假思索地

摘下帽子。

理想的家庭是永久的学校，在那里，孩子们可以不停地玩勇气游戏、礼貌游戏、助人为乐游戏、智商游戏、诚实游戏和成功游戏。这些人生初期的教育让孩子习惯成自然，让他们养成甜美、坚强的性格。在年轻的时候，明显的性格缺陷可以被削弱或者被加强。所以，我们相信，通过持续、适合、科学的训练，所有的孩子都可以养成坚强的性格。如果我们反复向孩子灌输正确的观念，他们就会形成条件反射，而且十分敏感—就像我们在做加法和减法运算的时候，会不假思索地得出正确的结论一样。一开始，当刺激出现时，我们需要一些提示，大脑会思考一段时间，之后，习惯成自然，我们可以很快地解出数学难题，几乎不需要思考计算的过程。所以，我们可以通过训练大脑，获得美好的品质。

在养成习惯之前，坚持某个想法确实很困难。但是一旦养成习惯，这个想法就在你的大脑里永久地建立起来了，你会自发地按照它的规则行事。当一个想法建立起来以后，你就可以追求下一个目标了。

我们发现，手工训练，学习灵巧地使用双手，对大脑有影响，可以在很大程度上改善有缺陷的大脑功能。通过手工训练，天性懒惰的孩子可以在很短的一段时间内爱上工作，即使以前他完全不爱出力。他一旦获得足够强大的动力，开始运用控制这项功能的大脑细胞时，大脑就会马上响应。仅仅唤起一个孩子的野心就可以让他丢掉很多缺点，因为他会积极地去做一些有益的事情。

如果父母的教育方式不正确，让孩子在家里总是战战兢兢，那么，环境的转变可以改善孩子的性格。一旦孩子进入商店、学校，或者独立自主地行事，他们性格会完全地转变。

A.T.斯高菲尔德医生发明了很多教育孩子的方法，父母可以使用这些方法让孩子养成良好的性格。他把这些方法总结如下：让孩子建立良好的道德观念和正确的价值观；给孩子建立良好的生活环境，总是让他们接触美好的事物—不管是身体上、智力上还是精神上，不要让罪恶的种子潜入孩子的思想；给孩子讲一些有启发性的故事和例子，它们可以给孩子指明方向，让他们有力量养成优秀的性格；根据当时的环境循序渐进地教育孩子，这样，孩子才能学会克服困难、拥有勇气、忍受痛苦，而又不会使他们过早地失去信心；平衡各种相互冲突趋向，不让孩子走上极端；让孩子具有坚定的意志力，精力旺盛地、果断地完成自己定下的目标；关注孩子的精神世界，让他们保持对罪恶的敏感；增加他们对自己、他人和上帝的责任心。

在实施这些方法的过程中，我们必须避免病态地反省自己，对错误过度的在意并不能让我们摆脱它。试一试相反的方法，让大脑装满光明、希望、爱和让人振奋的想法，并通过实际行动将它们表现出来。

改善有缺陷的官能

良好品格是人性的最高表现。好的品性不仅是社会的良心，而且是国家的原动力；因为这世界主要是被德行统治。

——史迈尔

几乎没有人是完美的、全能的。一些人在某些方面有伟大的才能，他们受过良好的教育和职业培训，但是，他们的性格中却有一些缺陷，这些缺陷会让他们的生活不顺利，让他们失去生活中一些最重要的东西。

我们很多人都有一些轻微的、可鄙的缺点，它们会抵消我们的优点，让优点不能发挥作用。

有些人纵容微小的缺点在自己身上发展壮大，自己却不知道，或者意识到了自己的缺点，却不去改正，这是多么让人感到羞耻啊！也许，缺点确实很小，但是，它可能让生活不顺利，可能是我们成功道路上的一块绊脚石，可能会成为我们永久的耻辱，它可能上千次地将我们推向困境，让我们不得翻身，这是多么不幸的事情啊！

看到一个可能成为伟人的人被轻微的、可鄙的缺点牵绊住脚步，失去辉煌壮丽的事业，是多么让人痛心啊！如果父母或者老师可以指出孩子的缺点（如果不被改正，这也许将会发展成为一个致命的缺点），教会他们如何与缺点抗争到底，如何通过精神训练改善有缺陷的官能，那么，这个巨大的帮助也许可以让孩子避免失败的人生。

看到一个年轻人向不幸的命运低头是多么让人痛心啊！他认为自己不幸的命运是被头脑的结构确定的，是被遗传基因确定的，是不可改变的。通过日积月累，一点点的常识，一点点正确的想法都可以让我们养成新的思维习惯，从而改掉那些坏毛病，但是，为什么坏毛病会跟随我们终生呢？

如果你意识到自己有智力上的弱点，有某个官能的缺陷，那么，你就可以尝试一些方法，将自己推回正常的轨道。比如，你可以加强注意力，逆向思考问题，如果你希望自己具有哪些完美的官能或者品质，你就可以时时刻刻把这些东西放在脑子里。只有正常的思维才能让生活变得正常。

如果你对不完善的官能置之不理，不去锻炼它们，不去改善它们，它们怎么能够恢复正常呢？如果仅仅锻炼手臂，你不会获得匀称的身材。对于智力官能也是一样。不被使用的官能会退化掉。如果你渴望得到什么，长时间坚持不懈地努力会将它带到你的身边，虽然你可能得不到它，但是，你会离它越来越近。

如果坚定不移地追求智慧，你可能会变得聪明。如果你追求生活的安逸和简单的快乐感，你会得到它们，但是，你永远也不能得到智慧，因为你没有追求它。

在动刀之前，雕刻家就已经在大脑里清晰地勾勒出了雕像的模样。如果你希望得到健康，就要像雕刻家一样，时时刻刻想着健康，说着健康，在大脑里勾画出健康的图像。坚定不移地追求健康，你就会创造健康的身体。

你希望脱离贫困吗？告诉自己，你会有很多财富，你可以使用和享受它们，不要做守财奴，不要压抑自己的欲望，但是，你要从现在开始去追求财富。最后，它一定会来到你的身边，就像花蕾一定会绽放出美丽的玫瑰一样。

"肯定地告诉自己：我可以得到希望的东西，那么，它一定会出现在你的生活里。"

例如，忧郁症是你致命的缺点，你总是把事情想得太严重，那么，你就可以通过思想转移法很快地治愈它，你可以将精神集中在事物的光明面。如果你可以坚持这样做，不久之后，压抑、沉闷的想法就会离开你了。当你尝试这个方法的时候，一定要把忧郁症从你的头脑中彻底地赶出去，就像把盗贼赶出你的房间一样。当一个盗贼溜进你的房间时，你有什么理由让他留下来吗？打开心灵的大门，让阳光洒进来，忧郁的情绪会自然而然地烟消云散。

做到这一点并不困难。但是，你每一次向弱点妥协，纵容压抑情绪的滋生，你都会和它们的关系更加密切，把它们邀请到自己身边。如果你总是关注事物的阴暗面，你就会觉得一切事物都丑陋无比。这样的念头会让你的生活变得黑暗，阻碍你事业的成功。

当你认为自己有某些思想官能的缺陷时，坚持想象着自己的这项官能是正常的，不久，你就会获得期望的结果。

年轻人如果能养成肯定自己的习惯，相信自己有好的天赋，那么，这种想法就会产生无穷的力量，带给年轻人好处。通过这本书，我希望年轻人可以明白这一点。年轻人应该坚定地追求以下这些品质：肯定自己，用所有的意志力告诉自己，一定会成功；决心，有破釜沉舟的精神，决不后退。这些品质拥有神奇的力量，可以帮助年轻人获得他们希望得到的东西。如果一次做不到，不要气馁，反复地尝试。时时刻刻牢记你所追求的东西。如果你可以做到这些，你就会获得优秀的品质，糟糕的习惯会自然而然地远离你。很快，你就会惊奇地发现，自己变成了一块磁铁，将你希望得到的东西吸引到自己身边。

如果你希望有美好的品质，呼唤它，假设自己已经获得了它，坚定不移地追求它，这样，你不仅做好了思想准备，随时可以接受它，而且，你是在主动地吸引它过来。

我们知道，有些时候，如果坚持不懈地追求、努力，人们可以获得希望得到的东西。但是，有些时候，人们不能得到所有追求的东西，即使是这样，他们却离追求的东西更近了，如果他们不去坚持不懈地追求，对自己没有信心，那么，他们得到的东西会少之又少。我们都拥有一种能力，它可以吸引美好的事物，但是，我们的所作所为可能会削弱这种力量或者增强它，这取决于我们是否强烈地追求它，相信它是我们天生的能力。

很多人认为自己在某些方面异于常人，这种想法甚至让他们变得偏执。他们中的一些人相信自己从父母那里继承了一些潜在的基因或者异常的特征，他们经常检查自己，担心这些基因或者特征已经在自己身上表现出来了。事实上，它们一定会表现出来，因为这些人太把它们放在心上了。所以，这些人会纵容邪恶的滋生，因为他们不断地担心着这些事情，想象着自己遭受不幸的样子。他们太过敏感，总是觉得自己异于常人。他们不愿意谈到或者听到自己的特质，但是，他们却相信自己一定是有些异常的。这种想法夺去了他们的自信心，让他们远离成功。

事实上，大多数这些异常只是人们的想象而已——

或者被想象夸大了。人们长时间地思考着这些异常，孕育着它发生的可能性，最终，它们成为现实，人们成了受害者。

治疗异常的方法就是想着事情的反面—思考完美的品质，忽略可能的缺陷。

如果你认为自己很特殊，养成正常的思维习惯。告诉你自己："我并不特殊。这些异于常人的地方不是真的。我是被上帝精心制造的，完美的上帝不会制造不完美的产品，所以，我身上不完美的地方是假的。如果我自己不去制造，我不会有什么异常的地方，因为上帝从来没有将它们赋予我。上帝决不会给我不和谐的音符，他赐给我和谐的乐章。"

如果这样的想法占据你的大脑，你就会忘记自己身上看似异常的地方。不久，这些异常就会自己消失。通过让自己相信"我和正常人一样"，你会重新获得自信。

有时候，害羞是一种疾病，但是，它只是自我想象出来的，坚持将它驱逐出你的大脑，坚持正面的想法，你可以轻易地克服它。告诉自己：大家没有在注意你，人们很忙，他们有自己的目标，追逐自己的事业，没有时间注意你。

17

通过美丽的想法获得美丽

> 每一个正确的行动和真实的想法都会让人们的心灵和容貌更加美丽。
>
> ——瑞斯肯

一个女孩可能长相普通，甚至奇丑无比，但是，如果她有一颗诚实的心，每一个认识她的人都会觉得她很美丽，因为她拥有美丽的想法，这不是浅薄的容貌的美丽，而是心灵的美丽，灵魂的美丽。要拥有真正的美丽，你必须拥有一颗善良的、乐于助人的心灵，无论走到哪里，你都可以播撒阳光和快乐，这种善念会让你的面容光彩照人，让你美丽动人。如果你渴望美丽，努力追求美丽，你的生活一定会变得美丽。因为外表是内心的反应，所以，外表一定会将你的习惯性想法和主要动机表现出来，你的面容、行为、举止一定会跟随这种想法，变得甜美。如果你一直保持着美丽的想法，充满爱的想法，那么，不管你走到哪里，

也不管你的外表有多么的平凡，甚至丑陋，别人也会
觉得你十分甜美、和谐，拥有灵魂之美。

最高层次的美丽—远远高于外表端正的美丽—是
每一个人都可以得到的。我认识一些女孩，长久以来，
她们对于自己外貌的平庸十分在意，甚至严重地夸大
它。其实，她们的容貌并没有自己想象中的那么平庸，
可是，她们却这么认为，这种想法让她们变得十分敏
感，对容貌十分在意，事实上，其他人根本不会注意
到她们的美或丑。其实，她们完全可以不要那么敏感，
自然一些。她们可以努力让自己变得朝气蓬勃、举止
得体、智慧过人、乐于助人，用这些来弥补面貌的不足，
建立优雅的气质。

我认识一个女孩，她极其平庸的面容和笨拙的举
止让她痛苦万分，等到成年之后，她对一切事情都感
到绝望，甚至想到了自杀。她坚信自己是所有恶毒言
语的靶子，无论走到哪里，都没有人想和她生活在一
起，她会一直遭到别人的侮辱。最后，她作了一个决
定，希望把自己从这种不幸的生活中救出来。她决定，
应该让人们爱她，她应该吸引大家，而不是排斥大家，
她应该慷慨做人，让人们不能控制地爱上她。她决定
培养一颗美丽的心灵，让心灵的美丽弥补外貌上的丑
陋。她开始关心别人，想他们之所想。不管走到哪里，
如果她看到有人不舒服、不友善或者好像有麻烦，她
就会马上关心他们，赢得他们的友谊。她开始在每一

个方面加强自己的修养，让自己变得有趣、聪明、开朗、充满希望。她努力变成一个乐观的人，不久，她就惊奇地发现，以前那些躲避她的年轻人聚集在她的周围，开始爱上她了。以前，她认为容貌的丑陋让自己失去了快乐，让自己变得没用，但是，现在，她不仅弥补了容貌的不足，而且，拥有了灵魂的美丽，这种美丽不会随着时间的流逝而消退，而且比容貌和身材的美丽珍贵许多。看起来，她周身的每一个毛孔都在散发着快乐与美丽。她变得如此受欢迎，甚至那些所谓的漂亮姑娘都羡慕她了。

想象的力量

想象力是先行者，它会引导你成功。

——彼得·鲁比

世界的进步，文明的发展，都归因于人类的想象力。没有想象力，我们会像野蛮人一样，仍然居住在山洞或者草棚里，因为我们拥有想象力，而且果敢，所以，我们过上了更好的生活。

事实上，为人类的进步做出巨大贡献的人都有无限的想象力，想象力让他们看到了比现实存在更好的东西，之后，他们就努力把想象中的东西变成现实。

因为莫尔斯想象到了比邮寄信件更好的通信方式，于是，他把电报带到了世界上。贝尔因为想象到了比电报更好的通信方式，所以，我们拥有了电话。因为菲尔德想象到了比坐船横渡大洋更好的通信方式，所以，各个大陆被海底电缆连接在了一起。因为马可尼想象到了比以往任何方法都好的通信方式，所以，我们拥有了无线电话，即使乘客搭载的轮船还航行在大海上，他也可以使用无线电话向酒店预订房间或者预订出租车了。

一位不知名的雕刻家创造了米洛的维纳斯，这尊断臂的维纳斯给予了人们无尽的美感，谁也不知道这尊美丽的雕像原本的比例和姿势。但是，她却给我们提供了一个想象的空间，让人们对于美的追求更进了一步。

如果没有米开朗琪罗非凡的想象力，世界就会缺少一件珍贵的艺术品—摩西雕像，那件艺术品向我们展示了像上帝一样的人。

音乐家的想象力给我们带来了伟大的乐章。

商人想象到了一种新的商业模式，让上百种的交易都可以在同一个屋檐下进行，于是，我们拥有了百货商店，在这里，我们几乎可以买到所有需要的东西。

因为教师通过想象力看到了人类进步的无限可能，所以，我们拥有了中小学和大学。事实上，如果没有想象力，我们将一无所有。如果一个人只能看到已经存在的东西，没有想象力，那么，他只能在原地打转。有想象力的人才能改良事物，推动进步，才能用豪华汽车取代普通汽车，才能用快速船取代普通船。

因为艺术家通过想象力看到了比自然存在的更好的东西，所以，我们才能拥有一些伟大的作品。我们不能就事论事，要站得高一些，看得远一些，发挥想象力，看到事物可能变化成的样子，看到它们变成现实的可能性。

普通人认为想象力丰富的人一文不值，把他们叫作怪人。有梦想的人被认为是不切实际的人，仅仅是空想家。但是，事实证明，梦想家比那些嘲笑他的人更实际，因为他们为我们创造出了最实用的东西。梦想家们让人类走出困难的处境，让我们超越常识，将我们从辛苦的工作中解脱出来。

啊，如果没有做梦的人、怪人和空想家，世界将会变成什么样子呢？

伟大英雄产生了，因为人们在自己身上看到了比现实中更加伟大的人。他们的奋斗创造出了超越时代的伟人。因为父母通过想象力看到了比自己更高级的人类，更加完美，更加完善，所以，他们培养的子女可以超越自己。

我们迟早会意识到想象力对于生活的巨大影响。在教育中，它扮演了一个重要的角色，可以帮助我们建立理想，它还可以影响我们的事业，让我们获得健康和幸福。

想象出来的画面并不是为了嘲笑我们或者让我们感到舒服，而是在向我们展示，它们能够成为现实。它有现实根源，这是生活对我们的暗示，是现实本身的投影。

想象力让我们成为能够预见未来的人，激发我们的野心，激励我们前进，让我们不甘心于平庸的生活，让我们看到更加美妙的东西。

我们逐渐地意识到，想象不仅仅是大脑的幻想，想象反映了我们的理想，他们可以产生强大的潜能，让想象的东西变成现实。

如果孩子的想象可以得到正确的指导，它们就可以为孩子带来未来的成功和幸福，但是，不加限制的想象会让人生痛苦和沉闷。

正确地训练孩子的想象力，让他们养成想象美好图片的习惯，而不是想象丑恶的图片；让他们从想象得到激励，而不是让自己泄气；让他们创造和谐，而不是混乱。这种训练是一笔宝贵的财富，远比物质遗产珍贵。

$\boxed{19}$

不要被岁月打倒

> 如果思想认为自己老了，美丽的容颜就会逝去。思想是雕刻家。
>
> ——肯尼斯·索利

我对待岁月的态度就像我对待听众的态度一样："来吧，让我征服你。"

这里所说的是一种永远不会变老的精神。看过莎拉·伯恩哈特的人会怀疑岁月不曾流逝，因为她的相貌依旧迷人。这个伟大的女演员在 60 岁的时候仍然光彩照人，看起来绝对不会超过 40 岁。

虽然伯恩哈特女士和其他一些人看起来远远小于自己的真实年龄，但是，岁月并没有对他们特别眷顾，只是他们对待岁月的态度是正确的。他们绝对不会向岁月屈服。他们下定决心，抛弃普遍的观念，拒绝岁月对于容貌的侵蚀。

"比优雅地老去更好的办法是根本不要变老，"

芝加哥时报的一位作家写道，"这是值得了解和记住的东西。事实背后隐藏了一个秘密，人们希望自己的年龄是多大，他们看起来就有多少岁。这是精神的力量，其实，整个世界都是被精神的力量控制的。

乔治·梅瑞狄斯在自己74岁的生日宴会上说："我觉得自己没有变老，不管是身体上还是精神上。我仍然以年轻人的眼光看待生活。有些老年人智力迟钝，逃避生活，看不惯其他人的所作所为，认为这是错误的时代，其实，是他们自己生活在另一个时代，对以前的生活太过留恋。"

当一个人认识到自己的神圣—他就像数学公理一样，不能被摧毁；没有什么生活中的事故、摩擦、麻烦，或者困难可以动摇他的神圣；当他意识到生命的真谛，认识到自己拥有无穷的创造力时，他就不会将身体或者精神上的缺陷表现出来了，他应该充分使用自己的力量。

如果你不向岁月屈服，不一直提醒自己"我上了年纪"，年龄就不会让你年轻的容颜老去。我们开始向年轻人灌输这种思想，希望人类衰老的时间可以推迟到45岁，到50岁再开始走下坡路。

为衰老做好准备只会加速衰老的进程。就像乔布所说的那样："我最担心的事情终于发生了。"人们如果为一件事情提前做好了准备，认为它会发生，每天担心害怕，那么，它一定会发生。

"一个人如果一直害怕什么东西,这件东西就会在他的脸上烙下记号,"普伦蒂斯·莫尔福德说,"如果你认为疾病是不可避免的,那么,它就一定会降临到你身上。"

绝对不要认为你自己年纪大了,不能做这个或者那个了,哪怕一刻钟也不行,因为这种想法和信念会在你的额头刻下皱纹,让你的容貌永久性地老化。没有什么比建立这样的哲学更有用了:我们认为自己是什么样的人,自己就是什么样的人,我们的想法会逐渐成为现实。

"你多大年纪了?"《米尔维吉日报》曾这样向读者发问。它有一则名言:女人的容貌体现年龄,男人的气质体现年龄。这是错误的。男人和女人的年龄都可以由他们的想法决定。在很大程度上,变老只是观念使然。"当一个人的心老了的时候,他确实老了。"如果他一过了中年,就马上开始想象着自己在逐渐变老,那么,他一定会衰老。避免衰老的最好方法是运用意志的力量。命运会友善地对待那些用双手抓住生命的人。放弃生命的人会随风而去。面对坚韧的生命,死亡也会退缩。庞塞·德·雷昂在错误的地方寻找青春的源泉。青春的源泉在自己身上。一个人必须保持自己内心的年轻,思想让人们重获青春。当一个人停止努力,对生活失去兴趣,停止阅读、思想和行动,这个人,就像一颗将死的树,叶子开始枯黄。已和自己所想的一样衰老。遏制自己的

思想变老。这是你需要做的。

　　　"生命还在鼎盛时期，你的生活还在继续，
　　　　精神饱满地为真理而战，
　　　什么是年纪大？它只不过是全盛的青春，
　　　　你是收获者，更加成熟的年轻人。"

　　奥利弗·温德尔·霍姆斯唱道。

　　如果你想长寿，那么就热爱你的工作，坚持工作。不要50岁就退休了，因为你认为自己的能力已经减退了，或者自己需要休息。在需要的时候给自己放个假，但是不要放弃你的工作。你的生活离不开工作，工作让你保持青春。"我不能衰老，"一个著名的女演员说，"因为我热爱艺术。我对艺术事业倾注了毕生的心血。我永远也不会厌倦。如果一个人生活快乐、忙碌但不疲惫，精神永远年轻，他怎么会长皱纹、变得虚弱或者厌倦生活呢？我的劳累仅仅是身体上的感觉，不是精神上的。"想一想苏珊·B.安东尼吧，这位资深的改革家垂暮之年仍在为事业拼搏，想一想希尔伯特夫人吧，这位资深的女演员逝世时也有83岁高龄了！谁认为这些伟大的工作者老了，不行了，被年轻的竞争者甩在后面了？即使已经八十多岁，生命即将走到尽头，安东尼小姐对工作的热情程度和饱满的精力仍然不输半个世纪以前。在柏林举行的世界妇女大会上，她是聚集在那里的妇女代表中最杰出的一位，也是最活跃的一位。希尔伯特女士，在她最后一部剧作中依然光彩夺目，虽然她是舞台上年纪最大的演员。这些女性从来没有想过在 50 岁或者 60 岁就放弃工作，或者认为自己开始衰老。她们觉得人生太精彩，不舍得放弃自己的角色。

玛格丽特·德兰说："我们这一代人有一个伟大的觉醒，上年纪只不过是身体的事情，外表的事情，僵硬的关节，而不是麻木，失去生活的品位，也并不意味着今后的生活没有乐趣。越来越多的人认识到，老龄是可以被避免的：不，更进一步，我们应该认识到，衰老只不过是对于所犯罪过的承认，承认自己过着自私、狭窄、缺乏想象和没有理想的生活。衰老是一种羞耻。一点一滴的，这种信念在人类的意识里被建立起来了。"

弗兰克·M.文希尔的诗歌表达了这种想法：

"不要变老。
岁月会将痛苦、悲伤和泪水化成沟壑，
蔓延的、深深的沟壑，
不要让飞逝的岁月将这种沟壑刻画在你的面容上。"
"做一个温文尔雅的人，充满爱——
行事光明磊落，显示了快乐的本性，
年纪越大，越开朗，越美丽——
甚至更加让人喜爱——永远不会变老。"

　　"我们不会在意一个人的年龄，"爱默生说，"直到他没有别的事情值得注意了。"不是岁月催人老。而是我们对待岁月的态度让我们变老，我们的生活方式让我们变老。不正确的态度和生活方式对于长寿是致命的，它们让我们的青春缩短。

　　在生活中，每个人都会犯错，对于所犯过错痛苦的记忆让我们的脸上布满深深的皱纹，让我们的眼睛不再明亮，让我们失去轻快的步伐，让我们的生活变得死气沉沉，毫无乐趣。这种做法是错误的。

　　《圣经》告诉我们，干净的生活、纯洁的生活、简单的生活、有意义的生活可以长久。"他的肉体会比孩子还年轻。他会回到年轻岁月。"

　　毫无意义的虚荣心和不值得的野心让生命复杂化，让如此多的美国人在 40 岁的时候就已经老态龙钟了。简单的生活是最完整、最高尚、最有意义的。瑞文·查尔斯·维纳说简单的生活和忙碌的生活并不是不相容的，就像平静的生活和充满活力的生活是可以并存的一样。在他的作品《简单的生活》中，他有效地向我们说明了，复杂的思想和感觉是不必要的，它们让我们浪费了太多的精力，我们应该把精力花在更有意义的事情上面。他强调，忧虑和恼怒剥夺了我们大量的精力，这些精力如果运用得当，可以产生有价值的结果。

　　"在如今这个繁忙、竞争激烈的时代，千百万的人相信，在一个人清醒的时候（或者说在他的事业中），要尽力多做一些事情，争取成功。休闲几乎已经成为一种罪过。这是巨大的错误。"普伦蒂斯·莫尔福德说："太多太多的人一直在'做'。他们的辛苦有什么意义呢？他们的努力仅仅为自己赚了一点钱，勉强维持自己的生活，为什么呢？因为他们没有目标，不知道该往哪个方向努力。一个女人在40岁的时候就已经衰老了，她把青春花费在擦亮炉台，擦洗器皿和其他众多微不足道的工作上了。她将全部精力投注在这些细枝末节上。另一个女人静静地坐着，她突然意识到，所有这些工作可以不需自己动手，让那些不能做其他事情的人来完成就可以了。她保持健康和青春的可能性远远超过了前者。健康和活力是比较完美的成年人的专利，它甚至比所谓的青春更吸引人。

"当闲来无事的时候，静止不动地坐着，保持大脑和身体的静止对于保持青春和活力有很大的帮助，因为在这种状况下，大脑和身体在自我修复，注入新的力量。身体不仅仅需要食物的营养。有些其他的因素—现在人们还不甚了解，也会对身体产生作用，给它力量。只有在精神和肉体获得平静时，它们才能产生这种伟大的力量。那时候，你可以获得聪慧的大脑和明智的行为，你会完成更多的事业，获得生活的平衡。"

很少有人意识到，即使在我们睡觉的时候，时间也在流逝。白天，如果我们被忧虑的情绪困扰，被苦恼、焦急的情绪困扰，产生消极的想法，感到辛苦、嫉妒、贪婪，那么，晚上，这些有害的情绪仍然会停留在我们的大脑里，在神经组织上刻下越来越深的沟壑，耗尽我们的精神与活力，它们还会表现在我们的外表上，让我们的皱纹加深，不能消除。很多人是这样的：当他们暂时脱离主要工作的时候，麻烦和琐碎的事情就会填满他们的大脑，用可怕的图片填满他们的想象，剥夺了他们所有的快乐、自然的天性和幸福。

晚上，当他们躺下的时候，白天受过的伤害又开始出来作祟了。他们的想象力会把黑暗的图片放大，把不愉快的经历放大，他们在床上辗转反侧，直到不愉快的想法耗尽了自己的精力为止。难怪，他们飞速地老去；早上起床的时候，他们感到疲劳无力；他们睡不着觉，尝试了各种镇静药物；他们必须经常使用补药和提神的药物才能维持工作状态。

有时候，我们应该学会怎样合理地使用大脑，如果方法得当，它本身就是一剂补药，是最好的提神剂。如果没有什么疾病，我们不应该使用安眠药或者任何精神药物。大脑是自己最好的保护者，不是破坏者。现在的问题是怎样保持正确的想法、和谐的思维、愉悦的思维、有益处的思维和充满爱的思维，如果这些思维主导了我们的大脑，那么，大脑的敌人就会被彻底摧毁，不能进来。我们必须有能力抑制干扰，这些干扰让生活痛苦，耗尽我们的精力，让我们神经紧张，当对工作感到厌倦的时候，我们就应该积蓄力量了，第二天要精神饱满地重上战场，做好下一班工作。

我认识一些人，他们学会了这种高级的艺术，无论白天发生什么，这些事情如何让他们烦心，他们都可以拥有甜蜜、安静、放松的睡眠，可以精力充沛地投入到第二天的生活中去。他们学会了如何将麻烦、琐事和烦心事拒之门外，将它们锁在商店里、办公室里或者工厂里，晚上，当他们睡觉的时候，这些事情都不复存在了。他们从来不把工作上的麻烦带回家。他们认为，下班的时间就要尽情休息。下班的时候，没有什么事情可以让他们烦心，或者让他们想起工作中的麻烦。他们已经洞悉了和谐思维、快乐思维、开朗思维、乐观思维的秘密和力量。晚上，他们邀请快乐、青春、安静和爱来自己的大脑里，让思维平静、和谐，可以很快入睡。

他们不允许已经发生的事情在大脑里作祟，让自己担心和焦虑，这些事情会搅乱今后的生活，让面容饱经风霜。结果是，每天早晨，他们都可以精神饱满地起床，浑身散发着自然的青春气息。

我们渐渐变老，因为我们不知道怎样留住青春，就像我们因为不知道怎样保持健康，所以生病一样。疾病是由忽视和错误的想法引起的。迟早，人们会意识到，他们不应该再怀有让自己生病或者虚弱的想法，这无异于引火自焚。如果一个人拥有正确的意识，知道平时应该怎样照顾自己的身体，那么，他就不会陷入病痛。如果他保持着有意义的想法，那么，他会获得长久的青春。

不要因为认为自己年纪大了，就扼杀了做出年轻举动的冲动。在一个家庭聚会上，男孩们努力让年过六旬的父亲和他们一起玩耍。"哦，走开，走开！"父亲说道，"我年纪大了，不能做到那些。"但是，母亲却加入孩子们的运动中，表现出和孩子们一样的热情和兴奋，好像她的年纪和孩子们一样大。她的眼睛闪烁着年轻的光芒，每一个动作都洋溢着青春。虽然她的年纪比丈夫小一点，但是，她看起来却比丈夫年轻得多，她和孩子们快乐地玩耍解释了这一切。

永远保持年轻的心态，通过和年轻人打交道保持青春，对年轻人的兴趣、希望、计划和娱乐活动保持兴趣。年轻的力量是可以传染的。当被问到保持年轻的秘密时，年过八旬的奥利弗·温德尔·霍姆斯说，这主要是因为，在生活的每一个时期，他都对自己的状态感到满意，拥有乐观的性格。巨大的野心、不满和不安在我们的脸上刻下皱纹，让我们变老，但是，我从来没有这些情绪。一直微笑的脸上不会长出皱纹。微笑是最好的按摩。满足是年轻的源泉。

我们需要做到和蔼的医生所颂扬的满足，这并不是让你失去前进的动力，而是把我们自己从虚荣心、对微不足道的事情的关切、担心和焦虑中解放出来。

它们妨碍了我们正常的工作和生活。有野心的人通常是自大、虚荣的人，他追求名气、全世界人的赞扬和崇拜、财富和个人成就，他从不在意自己对世界有什么价值，对人类有什么贡献，也不追求让自己成为高尚、最好、最有效率的工作者。

如果你希望成为"年纪大的年轻人"，借鉴日晷的座右铭——"我只记录阳光，别无其他"。不要在意黑暗或者阴霾的时候，忘记不愉快的日子。只记住有意义的时光，让其他的随风而去。

有句话说道："长寿者是怀有强烈希望的人。"如果你坚持希望，不管遇到多少困难，有多沮丧，岁月就难以在你的额头上刻下皱纹。快乐是长寿的秘诀。

"不要让博爱离去，也不要让爱情离去；它们是防止皱纹的护身符。"如果你一直沉溺在爱中，充满希望，对每一个人都怀有善意，那么，身体就会保持年轻，充满活力。如果你过着贪婪的生活，失去同情心，心脏很快会衰竭，你的青春很快会消逝。被爱温暖的心灵绝对不会因年龄的增长而冻结，或者因偏见、恐惧和焦虑而冰冷。以前，一个法国美人常常在晚上用羊胎油按摩身体，以保持肌肉的弹性和身体的舒展。要保持青春和身体的弹性，一个更好方法是保持头脑的活力，用爱的思想、美丽的思想、快乐的思想和年轻的想法按摩大脑。

如果你想看起来更加年轻，尽力让你的生活变得

多样化和有趣。生活单调和精神的空虚最容易让人衰老。像是一条定律一样，住在城市里的女人有很多的兴趣，生活丰富多彩，她们可以保持青春和美丽，相反的，住在偏远农村的妇女的生活单调乏味，除了日常琐事之外没有其他娱乐，不需要脑力活动，虽然她们更年轻，但是看起来却十分衰老。单调的生活让精神错乱的农村妇女的人数上升，这是值得我们警醒的。艾伦·特瑞和莎拉·伯恩哈特是永不衰老的闪亮明星，她们将保持青春的秘诀归结为多活动，经常转换思维和环境，保持精神的富足。农民经常在户外活动，生活环境较健康，可是他们的寿命却没有脑力劳动者的寿命长，这一点是值得我们注意的。

事实上，一位医生在伦敦法庭作证的时候陈述道，脑力活动衰弱是英国农村劳动者的一个通病。他们的大脑因为缺乏使用已经开始生锈了，而不是使用过度，在65到75岁之间，很多人因为中风或者其他一些相似的疾病而去世。与农民相比，他引用了法官和类似的脑力劳动者的例子，他们的寿命更长，而且可以保持智力水平不退化。

当雅典的智者赛翁被问到保持力量和年轻的秘诀时，他回答："每天都学一些新的东西。"很多古希腊人都相信这一点—永久保持青春的秘诀是每天都学一点新的东西。

这种说法是有立足点的。健康的活动可以加强和维持脑力和体力，让大脑和身体敏锐、有活力。所以，如果你想保持年轻，不管你多大岁数，在人生的道路上前行的时候，你必须乐于接受新思想，抛开精神的藩篱，拓宽兴趣，不断发现和接受新的真理。

但是，对于岁月来说，最伟大的征服者是乐观、充满希望和爱的灵魂。一个能够打败岁月的人必须对所有人保持善意。他必须避免担心、嫉妒和恶意；所有微小的劣行都会埋下祸根，让心灵痛苦，让额头布满皱纹，让眼睛暗淡无光。纯净的心灵，强壮的身体，广阔、慷慨、健康的思维是被这样的信念支撑的，我不会被岁月打倒，它们是一个人保持年轻的基础，每个人都可以在自己身上找到它们。

玛格丽特·德兰德说："自私、自闭、刻薄是衰老的三大症状。如果我们在自己身上发现它们，就说明我们正在衰老—即使我们正在30岁，风华正茂。但是，幸运的是，我们有三个预防措施，让我们不受感染；如果我们使用这些方法，即使我们活到了100岁，也会年轻地死去。它们是：同情心、进步，宽容。拥有了同情心、进步和宽容这些神圣品质的人会永远年轻。这些人的存在给我们安慰，给我们激励！"

> *"最好的还没有来到！*
> *生命的最后，*
> *有一些东西刚刚到来。"*

20

怎样控制思维

> 命令你自己，立即养成一种行为习惯，你自己要保持它，有机会的时候，影响其他人。
>
> ——爱比克泰德

我们可以通过习惯性地控制思想来改变思维。我们没有理由对思维放任自流，让它停留在一些毫无意义的事情上面。自我、意志的力量或者所谓的"真我"是思维的管理者，可以控制思维。稍加练习，我们就可以用任意一种喜欢的方式控制思维、让思维集中了。

所以，注意力，这件被意志控制、被理智指导的工具可以约束思维，让思维关注一些更加高尚的理想，直到这种高级的思维成为一种习惯。低级的思维和理想会被从意识中排除出去，思维水平会更上一层楼。这完全取决于你是否可以约束自己。

许多作家描述了很多不同种类的方法，指导读者如何控制思维。通过比较它们，我们发现，很多方法都是相同的。这些相同的方法也是最简单易行的方法。如果你们对这种训练有兴趣，还可以研究一些更详细和神秘的方法。

"就瑜伽运动来说，我们不可能给美国的练习者精确的指导，"W.J.卡文理说，"因为美国人对这项运动的普遍需求比较多样化，不像他们黑皮肤的东方兄弟那样明显。但是，不管在东方还是在西方，'集中精神'和'冥想'这两个伟大的词汇却拥有相同的力量和意义。它们要求将精神集中在追求的目标上，通过精神之眼看到荣耀，仿佛自己已经获得了胜利。'精神集中'和'冥想'会让我们强烈地感觉到，自己离目标越来越近。这种感觉可以引导我们获得帮助，障碍一个接一个地消失了，曾经看似困难的事情变得简单易行。所有的练习者最需要的是坚持理想，不要让兴趣减退，也不要让内心的图像消失。"

"安静地想一想自己最希望得到什么，运用你所有的想象力，让这些愿望在你的意识里实现，这是一种对所有人都有好处的练习。想象着你已经达成了希望，想象着你已经出色地完成了工作。如果你能够坚持这项练习，不久，你就可以舒缓精神上的焦虑，逐渐打开思维的大门，想出新办法，完成不可能完成的任务。世界上没有什么东西可以代替脚踏实地的工作，所以，我们需要提醒的是，不要让梦幻般的想象迷惑了你的大脑，放弃实际的努力。在内心的冥想过后，我们必须踏实地工作。真正的冥想不是让我们放弃努力，而是在指导我们往哪个方向努力，应该怎样努力。"

有的时候，作家也会提倡同样的方法，他写道："陷入沉静，集中注意力，控制思维，汲取一切可以汲取的力量，无限量地汲取它们，没有什么可以阻止我们，除非自己放弃。"

"我们周围的气氛是思维的产物。思维让它成为现在的样子，只有思维可以改变它，"弗洛伊德·B.威尔逊在《通向力量的道路》一书中写道，"一个人周围的气氛带有强烈的个人特性，普遍被认为是个人想法自然流露的结果。作为你的思维产物，周围的气氛从你的思想中得到了创造自己的力量。"

所以，我们将对于自我控制的建议简化为：如果我们能够认识到自己是精神工具的主人，我们就知道自己可以控制思维，创造气氛。如果，每一天，我们都默默地保持开放的状态—对于我们希望得到的美好事物保持接受的状态，我们就为创造理想的气氛开辟了一条道路。对于这些事物，一个人必须尽可能地保持开放，但是，最重要的是消除怀疑。对于很多人来说，他们需要花费很大的精力学习如何保持开放的状态。花在这上面的时间会比花在其他事情上的时间更有价值，让你朝目标大步迈进。

控制思维有助于身体健康，查尔斯·洛迪·帕特森对于这方面有特别的说明，他说："让我们保持大脑的

清晰和乐观，用健康的生活理念填充它，用和善的情感
对待他人。让我们无所畏惧，但是，认识到我们有无穷
的力量—那种力量可以满足我们的各种需要；拥有健康、
强壮的身体和幸福是我们天生的权利，它们悄悄地居住
在我们的生命里，现在，我们应该把它们表现出来了。
如果我们拥有这样的精神状态，并且坚定地保持这种状
态，身体不久就会变得健康和强壮了。"

很多人从自身和别人的经验中得到了各种各样感
触，这些经验给予了我们很多指导，让我们知道，一
个人想提高自己的物质生活水平并不难，他需要将高
级的想法装进脑袋，将低级的想法驱逐出去。

如果你将自己放在积极的气氛中，如果你将所有
负面的想法、毁灭的想法和有可能导致不和谐、灾难、
失败的想法都驱逐出大脑，坚持有创造性、建设性的
想法和词汇，不久，你就可以改变自己的整个思维特
质。你会厌恶阻碍你成功和幸福的敌人，在它们试图
进入你的大脑的时候，你会毫不犹豫地将它们拒之门
外。你只会怀有高尚的想法，使用高尚的词汇，它们
让人获得勇气，给人带来光明和美丽，它们给人启迪，
让人变得高尚，你会迎接它们，就像躲避消极的想法
一样积极。

让人鼓舞的是，思想者和调查者们追溯到了思想
敌人的源头，将它们的数量降低。

"没有必要将力气投入到对抗次要情绪的战斗中

去，"霍瑞斯·弗莱彻说，"你应该集中精力对抗愤怒和焦虑，因为它们是其他不良情绪的父母。坚定地对抗他们，像英雄一样，它们和它们的子孙会烟消云散。你一旦脱离了它们，就再也不想让它们回来了。"在一本书中，弗莱彻先生把愤怒和焦虑叫作恐惧的表现形式，W.W.阿特金森也说道："焦虑是恐惧的孩子，它拥有一个强大的家族，家族成员和父母很相似。像对待害虫一样对待恐惧家族—在它们自生出后代之前就把它们扼杀掉。"

所以，一旦我们能够集中精神，我们就要努力培养无畏的性格和自信心，同时还有乐观的性格、高效的作风。如果我们能够做到这些，理所当然的，我们的生活会幸福兴旺。

弗兰科·哈德克在其作品《意志的力量》一书中，提出了以下几条规则，它们具有实用性和启发性，可以和本章很好地契合在一起：

"坚定地、持续地、明智地保持一个真实的精神世界，通过不断地使用强烈的意志力追求所有高级的现实：美丽的东西、正确的想法、健康、宁静、真理、成功、利他主义、精神正常的人、最美妙的文学作品、艺术、科学、最高尚的行为和时代的规则、真正的信仰。"

"在和其他人打交道的时候，展现完美的人格，保持冷静。完善地做到这一点，不要暴露你的缺点，不管是通过不良的道德波动，还是你的行为，在潜意识里，其他人会根据你的行为意识到你的冷酷和被压抑的敌意。"

避免所有的激动情绪。

不要散发出敌意。

让人们深深地感受到你不会酝酿什么阴谋诡计，不会
伤害到他们的感情。

不要蔑视和嘲笑别人。

决不允许你有任何愤怒的情绪波动，也不要被轻易地
激怒。

不要害怕和你打交道的人。

相信你和同伴的合作一定可以取得成功。

保持一个有个人特色的气氛，展现活力和自信心。